· EX SITU FLORA OF CHINA ·

中国迁地栽培植物志

主编　黄宏文

LAURACEAE

樟科

本卷主编　吴金清　徐文斌　申健勇

中国林業出版社
China Forestry Publishing House

内容简介

我国大部分植物园都引种、栽培了樟科植物资源，为了获得樟科植物迁地栽培形态特征、物候、栽培技术等基础数据，我们联合了全国10个植物园共同参与《中国迁地栽培植物志·樟科》的编撰。

本书收录了我国主要植物园迁地栽培的樟科植物18属112种（含变种），附形态特征彩色照片900余幅。每种植物介绍了中文名、学名、自然分布、迁地栽培形态特征、引种信息、物候信息、迁地栽培要点及主要用途等信息。中文名及学名主要依据*Flora of China*第七卷和《中国植物志》第三十一卷；属和种按学名字母顺序排列，首次使用的中文名后面加注了"新拟"。引种信息和物候信息按植物园所处的地理位置由南往北排列。为了便于查阅，书后附有栽培于各个植物园的樟科植物种类统计表、各相关植物园的地理位置和自然环境以及本书涉及的樟科植物中文名和学名索引。

本书可供农林业、园林园艺、环境保护、医药卫生等相关学科的科研和教学使用。

图书在版编目（CIP）数据

中国迁地栽培植物志. 樟科/黄宏文主编；吴金清, 徐文斌, 申健勇本卷主编. -- 北京：中国林业出版社, 2020.8

ISBN 978-7-5219-0743-8

Ⅰ.①中… Ⅱ.①吴… ②徐… ③申… Ⅲ.①樟科－引种栽培－植物志－中国 Ⅳ.①Q948.52

中国版本图书馆CIP数据核字(2020)第156979号

ZHŌNGGUÓ QIĀNDÌ ZĀIPÉI ZHÍWÙZHÌ · ZHĀNGKĒ

中国迁地栽培植物志·樟科

出版发行：中国林业出版社
（100009 北京市西城区刘海胡同7号）
电　　话：010-83143517
印　　刷：北京雅昌艺术印刷有限公司
版　　次：2020年9月第1版
印　　次：2020年9月第1次印刷
开　　本：889mm×1194mm　1/16
印　　张：20
字　　数：634千字
定　　价：298.00元

《中国迁地栽培植物志》编审委员会

主　　任：黄宏文

常务副主任：任　海

副　主　任：孙　航　陈　进　胡永红　景新明　段子渊　梁　琼　廖景平

委　　员（以姓氏拼音排序）：

陈　玮　傅承新　郭　翎　郭忠仁　胡华斌　黄卫昌　李　标
李晓东　廖文波　宁祖林　彭春良　权俊萍　施济普　孙卫邦
韦毅刚　吴金清　夏念和　杨亲二　余金良　宇文扬　张　超
张　征　张道远　张乐华　张寿洲　张万旗　周　庆

《中国迁地栽培植物志》顾问委员会

主　任：洪德元

副主任（以姓氏拼音排序）：

陈晓亚　贺善安　胡启明　潘伯荣　许再富

成　员（以姓氏拼音排序）：

葛　颂　管开云　李　锋　马金双　王明旭　邢福武　许天全　张冬林
张佐双　庄　平　Christopher Willis　Jin Murata　Leonid Averyanov
Nigel Taylor　Stephen Blackmore　Thomas Elias　Timothy J Entwisle
Vernon Heywood　Yong-Shik Kim

《中国迁地栽培植物志·樟科》编者

主　　编： 吴金清（中国科学院武汉植物园）
徐文斌（中国科学院武汉植物园）
申健勇（中国科学院西双版纳热带植物园）

编　　委： 宋　钰（中国科学院西双版纳热带植物园）
李函润（中国科学院昆明植物研究所昆明植物园）
梁惠凌（广西壮族自治区中国科学院广西植物研究所桂林植物园）
鲁　松（四川省自然资源科学研究院峨眉山生物站）
李策宏（四川省自然资源科学研究院峨眉山生物站）
李小杰（四川省自然资源科学研究院峨眉山生物站）
王　挺（杭州植物园）
王正伟（上海辰山植物园）
刘科伟（江苏省中国科学院植物研究所南京中山植物园）
卢　元（西安植物园）
林秦文（中国科学院植物研究所北京植物园）

主　　审： 胡启明（中国科学院华南植物园）

责任编审： 廖景平　湛青青（中国科学院华南植物园）

摄　　影： 徐文斌　申健勇　宋　钰　李策宏　王　挺　刘科伟
李函润　梁惠凌　林秦文　卢　元　高亚红　叶喜阳
郑海磊　林建勇　朱鑫鑫　湛青青　刘　冰　杨晓洋
易永梅

数据库技术支持： 张　征　黄逸斌　谢思明（中国科学院华南植物园）

《中国迁地栽培植物志·樟科》参编单位（数据来源）

中国科学院西双版纳热带植物园

中国科学院昆明植物研究所昆明植物园

广西壮族自治区中国科学院广西植物研究所桂林植物园

四川省自然资源科学研究院峨眉山生物站

杭州植物园

中国科学院武汉植物园

上海辰山植物园

江苏省中国科学院植物研究所南京中山植物园

西安植物园

中国科学院植物研究所北京植物园

《中国迁地栽培植物志》编研办公室

主　任： 任　海

副主任： 张　征

主　管： 湛青青

序 FOREWORD

中国是世界上植物多样性最丰富的国家之一，有高等植物约33000种，约占世界总数的10%，仅次于巴西，位居全球第二。中国是北半球唯一横跨热带、亚热带、温带到寒带森林植被的国家。中国的植物区系是整个北半球早中新世植物区系的孑遗成分，且在第四纪冰川期中，因我国地形复杂、气候相对稳定的避难所效应，又是植物生存、物种演化的重要中心，同时，我国植物多样性还遗存了古地中海和古南大陆植物区系，因而形成了我国极为丰富的特有植物，有约250个特有属、15000~18000特有种。中国还有粮食植物、药用植物及园艺植物等摇篮之称，几千年的农耕文明孕育了众多的栽培植物的种质资源，是全球资源植物的宝库，对人类经济社会的可持续发展具有极其重要意义。

植物园作为植物引种、驯化栽培、资源发掘、推广应用的重要源头，传承了现代植物园几个世纪科学研究的脉络和成就，在近代的植物引种驯化、传播栽培及作物产业国际化进程中发挥了重要作用，特别是经济植物的引种驯化和传播栽培对近代农业产业发展、农产品经济和贸易、国家或区域的经济社会发展的推动则更为明显，如橡胶、茶叶、烟草及众多的果树、蔬菜、药用植物、园艺植物等。特别是哥伦布到达美洲新大陆以来的500多年，美洲植物引种驯化及其广泛传播、栽培深刻改变了世界农业生产的格局，对促进人类社会文明进步产生了深远影响。植物园的植物引种驯化还对促进农业发展、食物供给、人口增长、经济社会进步发挥了不可替代的重要作用，是人类农业文明发展的重要组成部分。我国现有约200个植物园引种栽培了高等维管植物约396科、3633属、23340种(含种下等级)，其中我国本土植物为288科、2911属、约20000种，分别约占我国本土高等植物科的91%、属的86%、物种数的60%，是我国植物学研究及农林、环保、生物等产业的源头资源。因此，充分梳理我国植物园迁地栽培植物的基础信息数据，既是科学研究的重要基础，也是我国相关产业发展的重大需求。

然而，我国植物园长期以来缺乏数据整理和编目研究。植物园虽然在植物引种驯化、评价发掘和开发利用上有悠久的历史，但适应现代植物迁地保护及资源发掘利用的整体规划不够、针对性差且理论和方法研究滞后。同时，传统的基于标本资料编纂的植物志也缺乏对物种基础生物学特征的验证和“同园”比较研究。我国历时45年，于2004年完成的植物学巨著《中国植物志》受到国内外植物学者的高度赞誉，但由于历史原因造成的模式标本及原始文献考证不够，众多种类的鉴定有待完善；*Flora of China*虽弥补了模式标本和原始文献的考证的不足，但仍然缺乏对基础生物学特征的深入研究。

《中国迁地栽培植物志》将创建一个“活”植物志，成为支撑我国植物迁地保护和可持续利用的基础信息数据平台。项目将呈现我国植物园引种栽培的20000多种高等植物的实地形态特征、物候信息、用途评价、栽培要领等综合信息和翔实的图片。从学科上支撑分类学修订、园林园艺、植物生物学和气候变化等研究；从应用上支撑我国生物产业所需资源发掘及利用。植物园长期引种栽培的植物与我国农林、医药、环保等产业的源头资源密切相关。由于人类大量活动的影响，植物赖以生存的自然生态系统遭到严重破坏，致使植物灭绝威胁增加；与此同时，绝大部分植物资源尚未被人类认识和充分利用；而且，在当今全球气候变化、经济高速发展和人口快速增长的背景下，植物园作为植物资源保存和发掘利用的“诺亚方舟”将在解决当今世界面临的食物保障、医药健康、工业原材料、环境变化等重大问题中发挥越来越大的作用。

《中国迁地栽培植物志》编研将全面系统地整理我国迁地栽培植物基础数据资料，对专科、专属、专类植物类群进行规范的数据库建设和翔实的图文编撰，既支撑我国植物学基础研究，又注重对我国农林、医药、环保产业的源头植物资源的评价发掘和利用，具有长远的基础数据资料的整理积累和促进经济社会发展的重要意义。植物园的引种栽培植物在植物科学的基础性研究中有着悠久的历史，支撑了从传统形态学、解剖学、分类系统学研究，到植物资源开发利用、为作物育种提供原始材料，及至现今分子系统学、新药发掘、活性功能天然产物等科学前沿乃至植物物候相关的全球气候变化研究。

《中国迁地栽培植物志》将基于中国植物园活植物收集，通过植物园栽培活植物特征观察收集，获得充分的比较数据，为分类系统学未来发展提供翔实的生物学资料，提升植物生物学基础研究，为植物资源新种质发现和可持续利用提供更好的服务。《中国迁地栽培植物志》将以实地引种栽培活植物形态学性状描述的客观性、评价用途的适用性、基础数据的服务性为基础，立足生物学、物候学、栽培繁殖要点和应用；以彩图翔实反映茎、叶、花、果实和种子特征为依据，在完善建设迁地栽培植物资源动态信息平台和迁地保育植物的引种信息评价、保育现状评价管理系统的基础上，以科、属或具有特殊用途、特殊类别的专类群的整理规范，采用图文并茂方式编撰成卷（册）并鼓励编研创新。全面收录中国大陆、香港、澳门、台湾等植物园、公园等迁地保护和栽培的高等植物，服务于我国农林、医药、环保、新兴生物产业的源头资源信息和源头资源种质，也将为诸如气候变化背景下植物适应性机理、比较植物遗传学、比较植物生理学、入侵植物生物学等现代学科领域及植物资源的深度发掘提供基础性科学数据和种质资源材料。

《中国迁地栽培植物志》总计约60卷册，10～20年完成。计划2015—2020年完成前10～20卷册的开拓性工作。同时以此推动《世界迁地栽培植物志》（*Ex Situ Flora of the World*）计划，形成以我国为主的国际植物资源编目和基础植物数据库建立的项目引领。今《中国迁地栽培植物志·樟科》书稿付梓在即，谨此为序。

黄宏文

2020年5月6日于广州

前言 PREFACE

樟科是一个世界性的木本植物大科，全世界有2000～2500种，中国约分布423种。由于种类众多，区别细微，樟科成为了物种分类最为困难的类群之一，这也间接导致了该科绝大部分物种目前仍处于未被开发利用的状态。目前，我国大部分植物园都引种、栽培了樟科植物资源，为了能够全面地获得樟科植物迁地栽培形态特征、物候、栽培技术等基础数据，我们联合了全国10个植物园共同参与《中国迁地栽培植物志·樟科》的编撰。希望通过这些基础数据的收集与对比，为樟科植物后续的科研、开发、应用提供科学依据。

《中国迁地栽培植物志·樟科》的内容包括以下部分。

一、概述部分：简要介绍樟科植物的分类，地理分布，应用价值，繁殖、栽培管理与病虫害防治要点。

二、分种叙述部分：共收录迁地栽培樟科植物18属112种（含变种），附形态特征彩色照片900余幅。每种植物介绍包括中文名、拉丁名、自然分布、迁地栽培形态特征、引种信息、物候信息、迁地栽培要点及主要用途。

分种编写规范如下。

1.中文名及学名主要依据*Flora of China*第七卷和《中国植物志》第三十一卷；属和种按学名字母顺序排列。首次使用的中文名后面加注"新拟"。

2.形态特征按照植物园迁地栽培的植物进行描述，顺序依次为茎、叶、花、果。部分种类的花、果特征依据自然生境的形态特征描述的，均标注"野外花""野外果"。少数特征容易混淆的种类，增设有"相似种区分"段落。

3.引种信息包括引种植物园+引种时间+引种地+引种材料+引种号；缺乏引种信息的，标注"引种信息不详"。每个物种后面还记录有引种植物在各植物园的生长速度和长势，以句号和引种记录分开。

4.物候期按照叶芽膨大期、萌芽期、展叶始期、展叶盛期、展叶末期、现蕾期、始花期、盛花期、末花期、果熟期、落叶期顺序编写；为求简洁，部分时期在编写时采用了简写方式，如"萌芽""现蕾""始花""盛花""末花""果熟"等；各参编单位在物候期观测时，统一选择生长发育健壮、无病虫害、树龄较大的成熟地栽植株，每个物种选择不少于3株的标准观察株（不足3株按实际株数观察），每个物种观测3年的完整物候周期；叶芽膨大期、萌芽期、展叶始期、现蕾期、始花期、果熟期、落叶期以相应植物器官总数量的5%进入该时期为时间节点（如萌芽期的时间节点是5%的叶芽开始萌发），展叶盛期、盛花期以50%的叶展开或花展开为时间节点，展叶末期、末花期以95%的叶展开或95%的花展开为时间节点。

5.引种信息和物候信息按植物园所处的地理位置由南往北排列，分别为中国科学院西双版纳热带植物园（简称西双版纳热带植物园）、中国科学院昆明植物研究所昆明植物园（简称昆明植物园）、广西壮族自治区中国科学院广西植物研究所桂林植物园（简称桂林植物园）、四川省自然资源科学研究院峨眉山生物站（简称峨眉山生物站）、杭州植物园、中国科学院武汉植物园（简称武汉植物园）、上海辰山植物园、江苏省中国科学院植物研究所南京中山植物园（简称南京中山植物园）、西安植物园、中国科学院植物研究所北京植物园（简称北京植物所）。

6.植物图片绝大部分为迁地栽培状态下的植物形态，通常包括植物整株、树皮、花、果、叶、芽等，少量来源于自然生境的照片，均标注"野外"。

三、为方便读者查对，书后附各有关植物园的地理位置和自然环境以及中文名和拉丁名索引。

四、书中图片大部分由主编及编委拍摄，部分图片由下列人员提供：叶喜阳（浙江农林大学）提供红果山胡椒植株、檫木果照片；郑海磊（西双版纳热带植物园）提供无根藤花、毛果黄肉楠花序照片；朱鑫鑫（信阳师范学院）提供披针叶楠花枝和花、倒卵叶黄肉楠植株照片；易永梅（湖北民族学院）提供竹叶楠果枝照片；刘冰（中国科学院植物研究所）提供长果土楠花照片；湛青青（华南植物园）提供山鸡椒植株和花枝照片；高亚红（杭州植物园）提供红脉钓樟整株和果、江浙钓樟果照片；林建勇（广西壮族自治区林业科学研究院）提供大果木姜子果、潺槁木姜子果照片；杨晓洋（华南植物园）提供思茅黄肉楠植株照片。

本书得以完成并顺利出版，得到了全国多个植物园以及植物界同行的大力支持，在此向所有为本书提供帮助的单位和个人表示最诚挚的谢意！

由于我们编撰水平有限，书中错误和疏漏之处在所难免，请在使用过程中提出宝贵意见！

本书承蒙以下研究项目的大力资助：科技基础性工作专项——植物园迁地栽培植物志编撰（N0.2015FY210100）；中国科学院华南植物园"一三五"规划（2016—2020）——中国迁地植物大全及迁地栽培植物志编研；生物多样性保护重大工程专项——重点高等植物迁地保护现状综合评 估；国家基础科学数据共享服务平台——植物园主题数据库；中国科学院核心植物园特色研究所建设任务：物种保育功能领域；广东省数字植物园重点实验室；中国科学院科技服务网络计划（STS 计划）——植物园国家标准体系建设与评估（KFJ-3W-Nol-2）。在此表示衷心感谢！

作者

2020年6月

目录 CONTENTS

概述

Overview

樟科是木本植物的一个大科，起源古老、分布广泛、种类众多。同时，樟科也是被子植物分类最为困难的科之一（Paton et al.，2008）。最早的樟科化石记录可追溯到白垩纪中期（Drinnan et al.,1990；Eklund，2000），经过漫长的演化，现在生活在地球上的樟科植物约有45属，2000~2500种（Li X. W. et al.，2008）。樟科植物多高大、常绿乔木，且具有芳香气味，自古以来就深受人们喜爱，正因如此，野生樟科植物常遭受人为破坏，导致部分物种资源量减少，生存受到严峻威胁，目前已有油丹（*Alseodaphne hainanensis*）、樟（*Cinnamomum camphora*）、天竺桂（*Cinnamomum japonicum*）、油樟（*Cinnamomum longepaniculatum*）、卵叶桂（*Cinnamomum rigidissimum*）、润楠（*Machilus nanmu*）、舟山新木姜子（*Neolitsea sericea*）、闽楠（*Phoebe bournei*）、浙江楠（*Phoebe chekiangensis*）、楠木（*Phoebe zhennan*）10种樟科植物被列入《国家重点保护野生植物名录》（第一批），作为国家Ⅱ级保护植物受到法律保护。我国许多植物园及树木园都对樟科植物资源进行了收集与迁地保护，同时，很多苗圃也大量培育樟科植物种苗，一些樟科植物在培育推广与应用的过程中得到了有效保护，但仍有数量众多的樟科植物由于缺乏最基础的生物学资料，影响了迁地保育工作的实施。

一、樟科植物的分类

客观来看，樟科植物的分类是较为困难的，该科植物多为高大乔木，而系统分类的主要器官花却小而不显著（常呈黄绿色，不易被注意），标本常难以采集，这无疑限制了我们对樟科植物的认识和了解，进一步导致我们难以鉴别种类众多的樟科植物。

在对樟科的系统分类研究中，最早发表樟科分类系统的学者是Nees，自1836年他的樟科系统发表以后，一大批学者相继提出了自己的分类系统（Meissner，1864；Bentham & Hooker，1880；Mez，1889；Pax，1889；Kostermans，1957；Hutchinson，1964；Rohwer，1993）。其中，近几十年较为普遍被接受的是于Kostermans于1957年提出的樟科分类系统，在系统中他把樟科植物分为5个族：即花序具有总苞的木姜子族Tribe Litseeae（代表类群木姜子属*Litsea*和山胡椒属*Lindera*），完全无“壳斗”（杯状果托）的鳄梨族Tribe Perseeae（代表类群鳄梨属*Persea*和琼楠属*Beilschmiedia*），多少具有“壳斗”的樟族Tribe Cinnamomeae（代表类群*Ocotea*和*Nectandra*），具有下位子房、果实被包藏于增大的花被筒内的厚壳桂族Tribe Cryptocaryeae（代表类群厚壳桂属*Cryptocarya*），以及只有单属的Tribe Hypodaphneae（代表属*Hypodaphnis*）。绝大多数学者的分类系统主要是基于对同一套分类特征的不同认识，这些特征主要包括：花序类型（圆锥花序、伞状花序、总状花序）、雄蕊药室数量（花药2室、花药4室）、雄蕊数量、单性花与两性花、果实是否被增大的花被包被而形成果托等。由于不同学者对形态特征重要性的认识不同，加之很少有学者对这些特征的重要性进行选择时，附带解释与说明，这就导致了不同系统间结果分歧较大，而它们都难以避免地受到各学者主观意识的影响。随着研究的进一步深入，现在学者们越来越趋向于达成一个共识，即花序形态与类型在樟科的系统分类中扮演着越来越重要的作用（Rower，1993；Werff & Richter，1996；Li J. et al.，2004），花序的形态变异在族级类群中的表现是非常稳定的，这就使得这一特征在界定樟科大类群时具有重要意义。另一方面，药室数量这一过去一直被认为十分重要而常被用来作为属的划分依据的特征，因为其极为不稳定的表现，越来越受到学者们的质疑（Werff & Richter，1996；Li & Christophel，2000；Li et al.，2003），这一形态特征需要被重新认识和评价。

随着分子系统学的发展，近年来越来越多的学者将新的技术手段应用于樟科的系统学研究（Chanderbali，2001；Li J. et al.，2004；Li Z. M. et al.，2006；Li L. et al.，2007；Rohwer et al.，2009；Fijridiyanto I. A. & Murakami N.，2009；Ho K. Y. & Hung T. Y.，2011；Li J. et al.，2016），一系列新的结论和观点被学者们提出，樟科的系统学研究进入一个新的时期。

樟科的分类系统目前还存在很多分歧和争议，很多形态特征之间存在着错综复杂、相互交织的情况，部分属种之间也存在着性状相似、界限模糊、难以区分的局面。一些分类群的分类地位被重新研究和修订，另一方面，一些新的分类群在近些年又在不断被描述和发表。有鉴于此，本卷在编排时采用较《中国植物志》出版更晚的*Flora of China*（以下简称FOC）的研究成果。FOC吸收了近年的研究成果，将中国现有樟科植物划分为25个属，收录445种（含两个引进属），比《中国植物志》多5属22种。本卷以FOC为基础对植物园引种栽培的樟科植物进行介绍，同时也根据实际情况，增加了少量FOC未收录的物种。

二、樟科植物的分布

作为一个世界性大科，樟科植物广泛分布于全世界热带与亚热带地区，其多样性中心位于东南亚热带、美洲热带以及马达加斯加，非洲中部只有少数种类（Werff & Richter，1996；Chanderbali，2001；Li J. et al.，2004）。世界范围内来说，分布最北界是北美洲约北纬42°；分布最南达智利南部的奇洛埃岛及阿根廷（李锡文，1979）。

在亚洲，樟科植物分布北达朝鲜和日本。我国樟科植物大多数集中分布在长江以南各地，主要分布在云南、四川、广西、广东及台湾等省区，少数落叶种类（山胡椒属和木姜子属）分布较北，大体来说以秦岭淮河为其北界，但三桠乌药向北分布可达北纬41°的辽宁省千山，是我国樟科植物分布的最北界（李锡文，1979）。

三、樟科植物的资源应用

樟科植物在木材、园林、轻工业、医药、食品等方面都有重要的应用，具有重大经济价值。

樟属（*Cinnamomum* Schaeff.）、楠属（*Phoebe* Nees）、润楠属（*Machilus* Nees）的许多种类都是重要的经济用材树种，楠木、润楠自古以来就是优良的建筑用材；樟木材不但芳香，且耐虫蛀耐腐，是良好的箱柜用材；此外，银木（*Cinnamomum septentrionale*）、阴香（*Cinnamomum burmannii*）也常作为用材树种使用。

园林绿化上，樟在中国南方被广泛栽培作为绿化树种、兰屿肉桂（*Cinnamomum kotoense*）常作为盆栽植物观赏，此外，我们注意到，近些年陆续有樟科植物在各地被开发利用作为绿化观赏植物，如银木（四川、贵州等省）、月桂（*Laurus nobilis*）（长江流域以南）、香叶树（*Lindera communis*）（云南）、毛黄肉楠（*Actinodaphne pilosa*）（广西）、滇润楠（*Machilus yunnanensis*）（云南）等。此外，还有一大批樟科植物有较好的园林观赏价值和适应性，亟待开发利用于园林绿化，尤其是润楠属、樟属、楠属、新木姜子属［*Neolitsea* (Benth.) Merr.］、黄肉楠属（*Actinodaphne* Nees）的一些物种。

樟科植物中许多特有的化学成分是化工和医药的重要原料，如樟、黄樟（*Cinnamomum porrectum*）提供轻工和医药工业上用的芳香油，同时还可生产樟脑；山鸡椒（*Litsea cubeba*）、木姜子（*Litsea pungens*）的果实中同样富含芳香油；樟属、木姜子属、山胡椒属、油果樟属（*Syndiclis* Hook. f.）、厚壳桂属（*Cryptocarya* R. Br.）和黄肉楠属中不少种类的果实含有丰富的油脂；另外在制药工业中，各种驱风油类如清凉油、风湿油等药物都离不开从樟科植物中提取的桂油（李朗，2007）。

浙江楠作为行道树在武汉植物园的应用

药用方面，肉桂（*Cinnamomum cassia*）、乌药（*Lindera aggregata*）、锡兰肉桂（*Cinnamomum verum*）、柴桂（*Cinnamomum tamala*）、华南桂（*Cinnamomum austrosinense*）、川桂（*Cinnamomum wilsonii*）都可做药用植物，对一些疾病起到预防和治疗的作用。

鳄梨（*Persea americana*）是广泛栽培的著名热带水果，营养价值很高，并且其果仁富含油脂。同时，许多樟科植物可作为食品的调味剂，如月桂、阴香叶片可作为调味香料，山鸡椒果实可提炼山鸡椒（山苍子）油，有柠檬的香气，具有除膻祛腥、提味增鲜的功效。

除具有巨大的经济价值外，樟科植物同样具有举足轻重的生态价值，在旧世界的热带至亚热带森林中此类群植物扮演着十分重要的角色，是这一地区常绿阔叶林中一个关键的主导类群；在新世界的湿润森林中樟科也是十分常见的植物（李捷和李锡文，2004）。

四、樟科植物的繁殖、栽培管理与病虫害防治

（一）樟科植物的繁殖

1. 种子繁殖

种子繁殖是樟科植物繁殖最主要的方式，大多数樟科植物都可以在种子成熟季节随采随播，如果管理措施得当，可达到较好的繁殖效果。

种子的采集 选择生长健壮的母树，在果实变色成熟时采集。采集后可用清水浸泡2天，待果皮泡烂后进行搓洗，将果肉与种子分离，分离后的种子可拌草木灰脱脂1天，然后洗净晾干。处理后的种子，可用湿沙沙藏过冬，亦可随采随播。

苗圃整地 选择地势平坦、肥沃、排水良好、光照充足的地块，以壤土或砂壤土为宜，播种前进行深翻处理，去除树根、石块等杂质，并将土壤打碎成小颗粒，同时可适量施用有机肥作为底肥。宜筑成高床，一般苗床高35～50cm，床宽1.2m。

播种 条播行距20cm左右，播种深度为种子直径2～3倍，播种后可覆土盖稻草，保持苗床表土湿润，以利于种子发芽。

出苗后管理 幼苗出土后应及时揭去稻草，待幼苗长出数片真叶就可以开始间苗，苗高10cm左右可进行定苗。6月以后，要加强浇水管理，并经常松土除草。

2. 扦插繁殖

扦插繁殖可作为种子繁殖的辅助。实践证明，很多樟科植物不易扦插成活，这可能与樟科植物枝条内含有抑制形成愈伤组织的物质有关，但也有很多樟科植物有扦插成功的报道，如月桂、黄樟、豹皮樟（*Litsea coreana* var. *sinensis*）、毛豹皮樟（*Litsea coreana* var. *lanuginosa*）、樟、兰屿肉桂、闽楠、楠木、刨花润楠（*Machilus pauhoi*）、少花桂（*Cinnamomum pauciflorum*）等。

插穗处理 在阴天的清晨从优良母株上选取无病虫害、生长健壮的1～2年生半木质化枝条，切成长5～8cm的插穗，上切口平切，留1～2片叶，下切口斜切，在100mg/L的生根粉溶液中浸泡4～6小时。

基质选择 河沙或砂质壤土都可以作为樟科植物的扦插基质，在扦插前需对基质进行消毒处理。

扦插 采用直插法，扦插深度为插穗的1/3～2/3，密度为200枝/m^2左右，扦插后压实，随即浇透水，此后一直保持苗床土壤有充足的水分。

3. 高干压条繁殖

高干压条繁殖是一种较为特殊的无性繁殖方式，对扦插繁殖难度较大的樟科植物可尝试采用此种方法。

枝条处理 在母树上选定1～3年生健康枝条，在其外侧靠近基部5～10cm位置用利刃切出长度为枝条直径1/4～2/3的切口2～4条，深至木质部，刀口间距为2～6mm，随即在环割处表皮抹上消毒液和生根液，再用1～5kg的填充基质包裹，用塑料布、打包绳将环割处扎紧，包扎成一个鼓形的包。

生根处理 环割之后2个月长出白根，至8个月时白色的根变黄，待包内长满根时即可移栽。

优势 高枝压条繁殖技术，利用母树枝条在不脱离母树的情况下繁殖樟科植物幼苗，使繁殖效果大大提高，具有投入少、见效快、管理方便等优点，可在樟科植物苗木生产中广泛使用。

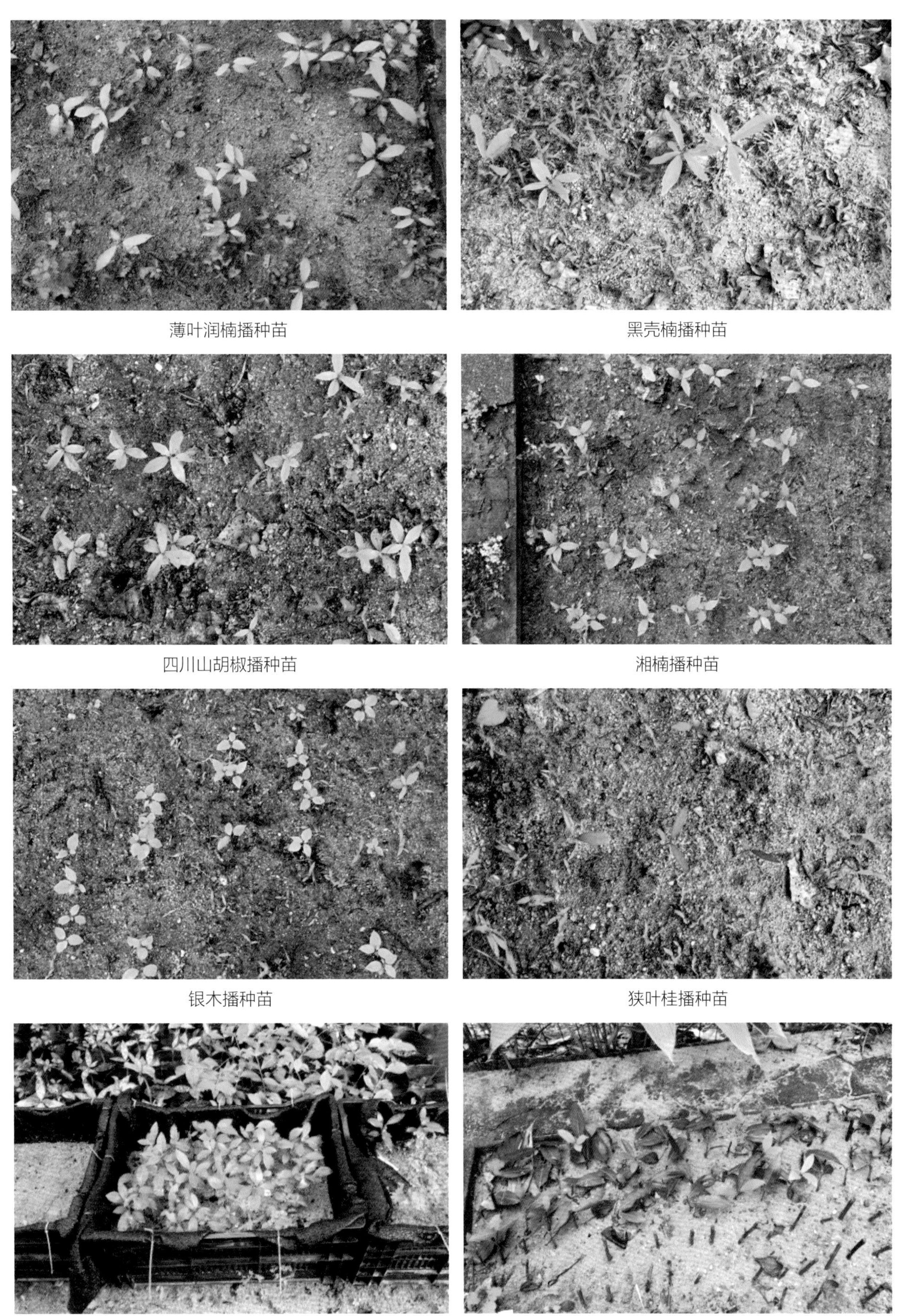

薄叶润楠播种苗

黑壳楠播种苗

四川山胡椒播种苗

湘楠播种苗

银木播种苗

狭叶桂播种苗

浙江楠播种苗

月桂扦插苗

浙江楠繁殖苗（二年生）

浙江楠繁殖芽苗

浙江楠的繁殖

楠木的繁殖

黄樟繁殖苗

鸭公树繁殖苗

川桂繁殖苗

紫楠繁殖苗

（二）樟科植物的栽培管理

1.苗木的定植

樟科植物的幼苗在苗床育苗成功后，1～2年生苗要进行移植，才能成长为根系发达、冠形饱满、枝繁叶茂的苗木。樟科植物定植株距多数可在2～5m范围选择，合适的株距能保证将樟科苗木培育成株形优美、干形通直的大苗，必须根据不同种类今后的生长趋势，慎重选择定植间距。

2.抚育管理

定植的樟科苗木，每年夏季6～10月要加强灌溉管理，夏季灌溉应在早晚进行。同时，也要注意在降雨较多的时节及时排水排涝，防止因根系淹水导致植株死亡。每年冬季可给樟科苗木进行松土、培土处理，翻土深度10～15cm。日常的抚育过程中还应随时人工除草，或施用除草剂除草，但应注意使用过程中不能喷洒到樟科苗木枝叶上。

3.大苗移栽

大苗移栽前3–6个月可先进行断根处理，移栽定植在春季发叶之前完成，通常11月至翌年2月为佳，但应注意避开其间的极寒天气，以防移栽苗木伤口冻伤。移栽时应选择阴天，起苗时尽量带土球，土球直径大于基茎8倍以上，同时应尽量缩短移栽时间，使根系不过长时间暴露在土壤以外，造成大苗萎蔫，移栽前后需适度修剪掉多余枝叶。移栽深度大于原土深度5～10cm，移栽后立即浇透水，并用草垫覆盖根部，移栽后半月内应根据天气情况及时浇水保湿。

大苗移栽（浙江楠）

大苗移栽（浙江楠）

移栽后效果（浙江楠）

（三）樟科植物的病虫害防治

总体而言，樟科植物在适宜的生长环境中，病虫害较少，但若管理措施不得当，造成不良环境（如株距过小不通风、浇水过度局部环境湿度大等），也会爆发一些病虫害。表1是部分樟科植物病虫害名称及预防措施。

表1 樟科植物部分病虫害及防治措施一览表

名称	寄主	危害部位	防治措施
炭疽病	樟、肉桂	叶片、枝干	甲基托布津可湿性粉剂、炭必灵可湿性粉剂
白粉病	樟	幼苗、嫩叶	疏苗、拔除；石硫合剂
褐根病	樟、肉桂	根系	根腐可湿性粉剂、甲基硫菌灵
煤污病	樟	叶片	1. 防治蚜虫、介壳虫、粉虱等虫害；2. 剪枝疏伐、改善林内卫生、刮除虫体卵块和追肥等；3. 绿颖99%矿物油乳剂300倍液
黄化病	樟	叶片	1. 清理建筑渣土拌入酸性介质；2. 修剪；3. 施用酸性肥料，补充有效铁元素
粉实病	阴香、樟、肉桂	果实	1. 冬春季节彻底清除残留病果；2. 多施磷钾肥，少施氮肥；3. 孕花期至果实成熟期半个月喷洒一次杀菌剂，交替使用，如1%等量式波尔多液，50%多菌灵可湿性粉剂800～1000倍液，70%甲基托布津可湿性粉剂1000～1200倍液
樟疫霉	樟属植物	枝干、根系	亚磷酸盐
樟密缨天牛	樟	主枝、侧枝	由排泄孔注入敌敌畏药剂
樟巢螟	樟科植物	叶芽、嫩梢	1. 未结成网巢：90%晶体敌百虫4000～5000倍液喷杀；2. 已结成网巢：人工摘除烧毁；
樟叶蜂	樟	嫩梢	噻虫嗪、甲维盐高氯水乳剂
樟白轮盾蚧	樟	枝、叶、芽	1. 修剪提高树冠通透性；2. 生石灰水刷洗主干主枝；3. 若虫孵化高峰期用阿维菌素1200倍液喷雾，一周后杀扑磷20%乳油1200倍液
台湾乳白蚁	樟	树干、根	喷施75%灭蚁灵粉以及人工灭蚁
叶瘿蚊	天竺桂	叶片	1. 新梢抽发期树冠喷药防治幼虫：辛硫磷乳油、敌百虫、毒死蜱乳油；2. 4～5月成虫羽化高峰期：辛硫磷乳油
红蜡蚧	月桂	枝	80%敌敌畏1000倍液喷洒防治
日本龟蜡蚧	天竺桂	叶片、枝干	初孵若虫期喷雾防治，使用70%吡虫啉2000倍液，75%乙酰甲胺磷1000倍液
卷叶蛾	肉桂、樟	叶片、嫩梢	乐果乳油
蚜虫	肉桂	嫩芽、嫩叶	乐果乳油、吡虫啉可湿性粉剂

红蜡蚧为害月桂

白蚁为害香樟树干

樟巢螟为害山胡椒

白蚁防治

斜纹夜蛾为害浙江楠幼苗

蚜虫类为害闽楠

白粉病危害闽楠群

卷叶蛾为害山胡椒

樟科

乔木或灌木［仅有无根藤属（*Cassytha*）为缠绕性寄生多年生草本］，多为常绿，有时雌雄异株，植株各部位常芳香。单叶，互生、对生、近对生或轮生，具柄，全缘，极少有分裂（如檫木属*Sassafras*），羽状脉，三出脉或离基三出脉，无托叶。花序腋生或近顶生，圆锥花序、假伞状花序（其下常具交互对生或不规则苞片）、总状或穗状，花通常两性，有时单性，雌雄同株或异株，辐射对称，通常3基数，有时2基数，小，黄色、绿色或白色。花被两轮排列，裂片6或4，脱落或宿存；花被筒常杯状宿存于果实的基部，亦有花被筒完全包藏果实或花被筒与子房贴生而形成下位子房的。雄蕊通常呈四轮排列，每轮3枚（少数2枚或4枚），贴生于花被筒，最内轮通常为退化雄蕊；花丝通常离生，第三轮花丝通常具有2个无柄而明显的基生腺体；花药基着，2或4室，通常外面两轮内向，第三轮外向，由下向上瓣裂。雌蕊1；子房通常上位，1室；胚珠单生，倒生，下垂；花柱1；柱头1，偶有2或3裂。核果或浆果，基部有时被宿存的花被包围，有时陷于果托中。种子无胚乳。

全世界约45属，2000~2500种，热带和亚热带地区广泛分布，但主要在热带东南亚和热带美洲；中国有25属（两个特有属，两个引入属）和445种（316个特有种，3个引入种）。

各论
Genera and Species

分属检索表

1a. 缠绕寄生草本；无限花序 …… 5. **无根藤属 *Cassytha***
1b. 有叶的乔木或灌木；有限花序。
2a. 花单性，很少两性，在假伞形花序或总状花序中，很少单生；苞片大，形成一总苞。
3a. 花2基数；花被片4。
4a. 雄花具12枚雄蕊，排成3轮，全部雄蕊或第2、3轮具腺体，花药2室；雌花具4枚雄蕊 …… 9. **月桂属 *Laurus***
4b. 雄花具6枚雄蕊，排成3轮，仅第3轮雄蕊具腺体，花药4室；雌花具退化雄蕊6 …… 14. **新木姜子属 *Neolitsea***
3b. 花3基数；花被片6。
5a. 总苞苞片覆瓦状排列，早落或迟落。
6a. 落叶性；叶互生，全缘或2或3浅裂；总状花序 …… 18. **檫木属 *Sassafras***
6b. 常绿性；叶通常轮生，很少对生或互生，全缘；伞形花序 …… 1. **黄肉楠属 *Actinodaphne***
5b. 总苞苞片交互对生，宿存或迟落。
7a. 花药4室 …… 11. **木姜子属 *Litsea***
7b. 花药2室 …… 10. **山胡椒属 *Lindera***
2b. 花两性，很少单性，组成圆锥花序或簇生，很少在假伞形花序中；苞片小，不形成总苞。
8a. 花药2室（稀1室）。
9a. 果被增大的花被筒包围 …… 7. **厚壳桂属 *Cryptocarya***
9b. 果不被增大的花被筒包围。
10a. 能育雄蕊3 …… 8. **土楠属 *Endiandra***
10b. 能育雄蕊6或9 …… 3. **琼楠属 *Beilschmiedia***
8b. 花药4室。
11a. 花被筒在果期发育形成果托。
12a. 圆锥花序；4药室上下各2排列；花被裂片脱落或宿存，但在果期不加厚；叶互生或近对生，羽状脉，三出脉或离基三出脉 …… 6. **樟属 *Cinnamomum***
12b. 团伞花序；4药室排列成弧形，或上下各2排列，下部2室较大且侧外向；花被裂片宿存并且在果期膨大；叶互生，离基三出脉 …… 13. **新樟属 *Neocinnamomum***
11b. 花被筒在果期不发育成果托。
13a. 花被裂片在果期宿存。
14a. 宿存花被裂片柔软，长，反折，不紧贴果实基部 …… 12. **润楠属 *Machilus***
14b. 宿存的花被裂片坚硬，短，直立，紧贴果实基部。
15a. 花被裂片大小相等，有时外轮3稍小；花丝长 …… 17. **楠属 *Phoebe***
15b. 花被裂片大小不相等，外轮3显著较小；花丝非常短 …… 15. **赛楠属 *Nothaphoebe***
13b. 花被裂片在果期脱落。
16a. 叶对生，三出脉或离基三出脉；花被裂片大小不等，外轮3裂片小 …… 4. **檬果樟属 *Caryodaphnopsis***
16b. 叶互生，羽状脉；花被裂片大小相等或近相等。
17a. 花被大；果肉质，大；栽培植物 …… 16. **鳄梨属 *Persea***
17b. 花被小或中等大小；果稍肉质，小到中型；野生植物 …… 2. **油丹属 *Alseodaphne***

黄肉楠属

Actinodaphne Nees Wallich Pl. Asiat. Rar. 2. 68. 1831.

常绿乔木或灌木；叶通常簇生或近轮生，少数为互生或近对生，羽状脉，稀为离基三出脉；花单性，雌雄异株；伞形花序单生或簇生，或组成圆锥状或总状花序；苞片覆瓦状排列，早落；花被筒短，花被裂片6，排成二轮，近相等，脱落，稀宿存；雄花：能育雄蕊通常9，排成三轮，第一、二轮无腺体，第三轮的基部有2个具柄或无柄的腺体，花药4室，均内向瓣裂；退化雌蕊细小或无；雌花：退化雄蕊与雄花的同数，棍棒状，第一、二轮无腺体，第三轮基部有2个腺体，子房上位，卵球形或近球形，花柱丝状，柱头盾状，略具圆裂片；果为浆果状核果，着生于或浅或深的杯状或盘状果托（花被筒）内。

约100种，分布于亚洲热带、亚热带地区，我国有17种（其中13种为特有种）。

黄肉楠属分种检索表

1a. 叶离基三出脉……………………………………………………………………4. **倒卵叶黄肉楠 *A. obovata***

1b. 叶羽状脉。

2a. 小枝基部通常有宿存芽鳞片。

3a. 宿存芽鳞片较大，长10～22mm，宽6～10mm，排列疏松…………5. **峨眉黄肉楠 *A. omeiensis***

3b. 宿存芽鳞片较小，长3～8mm，宽2～6mm，排列紧密……………7. **毛果黄肉楠 *A. trichocarpa***

2b. 小枝基部无宿存芽鳞片。

4a. 侧脉多而密，每边30～40条或以上，纤细而不甚明显；果倒卵形，果托杯状………………………………………………………………………………3. **柳叶黄肉楠 *A. lecomtei***

4b. 侧脉较少，每边在15条以下。

5a. 花序或果序圆锥状，较长，长2～7cm。

6a. 小枝、叶下面及花序均被锈色茸毛；叶片倒卵形或有时为椭圆形，长12～24cm，宽5～12cm；果托扁平盘状………………………………………………6. **毛黄肉楠 *A. pilosa***

6b. 小枝被浅灰色贴伏密茸毛，叶下面沿中脉、侧脉有短柔毛；花序有白色绢状毛；叶片披针形，长17～40cm，宽4～13cm；果托浅杯状……………………2. **思茅黄肉楠 *A. henryi***

5b. 花序或果序伞形，较短。

7a. 叶柄较长，通常长10～40mm…………………………………5. **峨眉黄肉楠 *A. omeiensis***

7b. 叶柄短，长3～8mm………………………………………………1. **红果黄肉楠 *A. cupularis***

1
红果黄肉楠

Actinodaphne cupularis (Hemsley) Gamble, Sargent Pl. Wilson. 2: 75. 1914.

自然分布

产湖北、湖南、四川、贵州、广西（田林）、云南（富宁）。生于山坡密林、溪旁及灌丛中，海拔360~1300m。

迁地栽培形态特征

小乔木，高达10m。

茎 树皮被扁圆形皮孔；幼枝灰绿色，后变灰褐色，初密被灰色微柔毛，后变无毛；顶芽被褐色短柔毛。

叶 叶通常4~6片簇生枝顶呈轮生状，长圆形至长圆状披针形，长5.5~13.5cm，宽1.5~3.5cm，先端渐尖或急尖，基部楔形，薄革质，上面绿色，有光泽，无毛，下面粉绿色，被白粉，初时密被灰白色贴伏柔毛，后毛被渐脱落；羽状脉，侧脉每边8~13对，在叶面纤细而不明显，中脉在上面平坦或稍凹陷，下面明显凸起；叶柄长3~8mm，被灰色短柔毛。

花 花序伞形，单生或数个簇生于枝侧，无总梗；苞片5~6，外被锈色丝状短柔毛；雄花序有雄花6~7朵，花梗及花被筒密被黄褐色长柔毛；花被裂片6，卵形，长约2mm，宽约1.5mm，外面中肋有柔毛，内面无毛；能育雄蕊9，3轮，花丝长约4mm，无毛，第三轮基部两侧的2枚腺体有柄；退化雌蕊细小，无毛。雌花序有雌花5朵；子房椭圆形，无毛，花柱长1.5mm，外露，柱头2裂。

果 果卵形或卵圆形，成熟时红色，无毛，长12~14mm，直径约10mm，先端有短尖；果托深4~5mm，边缘全缘或有齿。（野外果）

相似种区分

本种极易与簇叶新木姜子［*Neolitsea confertifolia*（Hemsl.）Merr.］混淆，但后者叶上面中脉显著凸起，花部二基数，果实无杯状果托，而与本种有明显区别；又与毛果黄肉楠（*Actinodaphne trichocarpa* C. K. Allen）外形极为相似，但后者小枝基部常宿存有芽鳞片，果实密生短茸毛，常宿存有花被片，果梗粗短，而易与本种区别。

引种信息

杭州植物园 2014年从中南林业科技大学引种苗（引种号14C22002-005）。生长速度中等，长势良好。

武汉植物园 2010年从贵州赤水官渡镇长嵌沟桐仙溪水库引种苗（引种号20104194）。生长速度中等，长势好。

物候

杭州植物园 2月至3月上旬叶芽开始膨大，3月中旬萌芽，3月下旬开始展叶并进入展叶盛期，4月上旬展叶末期；花果未见。

武汉植物园 2月下旬叶芽开始膨大，3月中旬萌芽并开始展叶，3月下旬进入展叶盛期和展叶末期；11月下旬始花，12月上旬盛花、末花；果未见。

迁地栽培要点

能耐一定程度的高温，同时也有较强的抗寒性，稍耐干旱，适于在我国长江流域及以南各地栽培。繁殖以播种为主。病虫害少见。

主要用途

树形挺直，枝叶优美，可栽培做观赏树种；种子榨油可供制皂及机器润滑等用；根、叶辛凉，可用以治脚癣、烫火伤及痔疮等。

植株 花枝 花序 茎 叶背 叶面 果枝（野外） 果（野外）

2
思茅黄肉楠

Actinodaphne henryi Gamble, Bull. Misc. Inform. Kew. 1913: 265. 1913.

自然分布

产云南南部。生于常绿阔叶林中，海拔600~1300m。

迁地栽培形态特征

乔木，高达25m，胸径达20cm以上。

茎 树干端直，树皮灰白色，光滑或有细裂纹。小枝圆，粗壮，灰褐色，有浅灰色贴伏茸毛。顶芽大，卵圆形，鳞片外面密被黄褐色丝状短柔毛。

叶 叶4~6片聚生于枝顶，成轮生状，披针形，长17~40cm，宽3.7~13cm，先端渐尖或长渐尖，基部楔形，革质，上面深绿色，略有光泽，无毛，下面粉绿，苍白色，沿中脉、侧脉有短柔毛；羽状脉，中脉粗壮，两面凸起，侧脉每边9~12条，斜展，近叶缘处弧曲并渐网结而消失，横脉平行连接，明显；叶柄长2~3cm，粗壮，密被灰黄色茸毛。

花 伞形花序多个生于长2~3.5cm的腋生总梗上，排列成总状，有白色绢状毛，每一伞形花序梗长1.5cm，有花5朵，花梗长2~3mm，花被筒倒圆锥形，长2mm，均密被丝状短柔毛；花被裂片卵圆形，长约4mm，宽约2mm，具3条脉。雄花：能育雄蕊9，花丝无毛，第三轮基部两侧的腺体小，圆球形。雌花：退化雄蕊9，子房卵形，无毛，花柱纤细，柱头大，头状。

果 果近球形，直径6~8mm，生于深2~3mm、直径约5mm浅杯状果托上，果托杯全缘或波状，外面被短柔毛，果梗长5~8mm，被灰黄色短柔毛。

引种信息

西双版纳热带植物园 1977年从云南省勐腊县小腊公路引种苗（引种号00,1977,0140）。生长速度快，长势良好。

物候

西双版纳热带植物园 全年零星展叶；12月上旬至中旬盛花；翌年5月上旬果熟。

迁地栽培要点

喜光线较好，温暖湿润的生长环境，不耐寒，亦忌水涝。适合于我国热带地区栽培。繁殖以播种为主。病虫害少见。

主要用途

本种木材材质优良，结构细致，纹理直，可供建筑、家具及工业用材。

植株

叶背

叶面

花枝

果

3
柳叶黄肉楠

Actinodaphne lecomtei C. K. Allen，Ann. Missouri Bot. Gard. 25: 413. 1938.

自然分布

产四川、贵州、广东（乳源）。生于山地、路旁、溪旁及杂木林中，海拔650～1800m。

迁地栽培形态特征

常绿乔木或小乔木，高达10m。

茎 树皮棕褐色，不甚开裂，密被凸起小皮孔。小枝灰褐色，被灰黄色短柔毛，后渐变无毛。顶芽圆锥形，鳞片外面密被灰褐色短柔毛。

叶 叶常集生枝顶，披针形至条状披针形，长10～18cm，宽1.5～3cm，先端尖，基部楔形，革质，上面深绿色，幼时中脉有微柔毛后变无毛，下面灰绿色，晦暗，有极不明显的贴伏短柔毛；羽状脉，中脉于叶上面微凸，下面明显凸起，侧脉通常每边30对以上，与中脉近垂直，纤细，两面均不甚明显；叶柄长7～20mm，初被灰色贴伏短柔毛，后渐脱落。

花 花序伞形，常2～5个簇生于叶腋或枝侧，无总梗；苞片外被黄色丝状短柔毛，内面无毛，每一花序有花4～5朵；花梗与花被筒密被黄褐色长柔毛；花被裂片6，长圆形或椭圆形，长4mm，宽1.8～2mm，外面有黄褐色长柔毛，内面无毛。雄花：能育雄蕊9，花丝长3～4mm，无毛，第三轮基部的腺体盾状，有柄；退化雌蕊长2mm，无毛。雌花：子房圆球形，花柱细长，柱头头状，均无毛。

果 果倒卵形，长约1cm，宽8mm，无毛；果托杯状，深约3mm，径6～8mm，全缘或有浅波状；果梗长7～8mm，先端略增粗，被灰黄色柔毛。

引种信息

峨眉山生物站 1992年3月9日自四川峨眉山引种苗（引种号92-0286-01-EMS）。生长速度快，长势良好。

武汉植物园 2004年从重庆南川金佛山过渡圃引种苗（引种号20042789）。生长较慢，长势弱。

物候

峨眉山生物站 3月上旬叶芽萌动，3月下旬开始展叶，4月上旬展叶盛期；8月下旬现蕾，9月上旬始花，9月下旬盛花、末花；10月中旬果熟。

武汉植物园 5月上旬开始展叶，5月中旬展叶盛期、末期；花果未见。

迁地栽培要点

耐高温，但抗寒性稍差，低温-4℃时叶片冻至黄色，稍耐干旱及水涝。适合于我国亚热带地区栽培。繁殖以播种为主。病虫害少见。

主要用途

叶片纤细如柳，优雅俏丽，可做观赏树木；木材可做家具；枝叶可提取芳香油；种子榨油，供制肥皂和机器润滑等用。

叶背
植株
果枝
果
顶芽（春季）
树皮
叶面
幼果

4
倒卵叶黄肉楠

Actinodaphne obovata (Nees) Blume, Mus. Bot. 1: 342. 1851.

自然分布

产云南南部至东南部、西藏东南部。生于山谷溪旁或润湿的混交林中，海拔1000～2700m。印度也有分布。

迁地栽培形态特征

乔木，高10～18m，胸径约20cm。

茎 小枝粗壮，密被锈色短柔毛，老时渐变无毛。顶芽大，卵圆形，芽鳞外面被黄褐色微柔毛。

叶 叶3～5片簇生于枝端成轮生状，倒卵形、倒卵状长圆形或椭圆状长圆形，长15～50cm，宽5.5～22cm，先端渐尖或钝尖，基部楔形或略圆，薄革质，幼时两面有锈色短柔毛，老时上面无毛或沿脉略被短柔毛，有光泽，下面粉绿色，有锈色短柔毛或近于无毛；离基三出脉，中脉在叶上面略隆起，下面隆起，粗壮，侧脉每边6～7条，最下两条对生或近于对生，离叶基部1～2cm处发出，斜展，先端弧曲，横脉平行，在叶下面明显；叶柄长3～7cm，粗壮，被黄褐色短柔毛。

花 伞形花序多个排列于总梗上构成总状，总梗长1.2～2.5cm，密被黄褐色短柔毛，每一伞形花序有花5朵；花被裂片6，黄色，卵圆形，两面有明显3条直脉，并有腺点，外面有黄褐色短柔毛，内面基部具柔毛。雄花梗长约3mm，有黄褐色短柔毛；花被裂片长4mm，宽2.5mm；能育雄蕊9，长3.6mm，花丝短，基部有长柔毛，第3轮基部两侧的腺体扁圆形，无柄；退化雌蕊长2.5mm，花柱短，子房有柔毛，柱头大，2浅裂。雌花略较雄花小，花梗长1.8～2mm；花被长2.8～3mm，宽1.5～2mm；子房近圆形，有长柔毛，花柱短，柱头大，2浅裂。

果 果长圆形或椭圆形，长2.5～4.5cm，直径1～2cm，顶端具尖头，成熟时紫红色或黑色，生于扁平盘状果托上，果托直径可达1cm，果梗粗壮，直径2～3mm，长5～6mm。

引种信息

西双版纳热带植物园　2001年从云南河口县引种子（引种号00,2001,3884）。生长速度快，长势良好。

物候

西双版纳热带植物园　全年零星展叶；4月中旬始花，4月下旬至5月上旬盛花、末花；9月上旬果熟。

迁地栽培要点

喜温暖而湿润的生长环境，忌低温与干旱，适合我国热带地区栽培。播种繁殖，病虫害少见。

主要用途

本种果大，种子含油脂，可供榨油用于点灯。树皮辛温香，民间用于入药，外敷治骨折。

植株
果枝
花序
花特写
花枝
叶背
叶面

5
峨眉黄肉楠

Actinodaphne omeiensis (H. Liu) C. K. Allen, Ann. Miss. Bot. Gard. 25: 411. 1938.

自然分布

产四川、贵州（梵净山）。常生于山谷、路旁灌丛及杂木林中，海拔500～1700m。

迁地栽培形态特征

常绿灌木或小乔木，高达5m。

茎 树皮灰褐色；小枝浅黄褐色，粗壮，幼时被灰黄色长柔毛，后渐脱落至无毛。冬芽圆锥形，可长达4cm以上，鳞片外面被锈色柔毛。

叶 叶常5～8片簇生或呈轮生状着生枝顶，长椭圆形至披针形，长12～20cm，宽2～5cm，先端渐尖，基部楔形，革质，上面深绿色，有光泽，下面苍白，被白粉，嫩时两面有灰色柔毛，老时两面无毛；羽状脉，中脉上面平坦或微陷，下面隆起，侧脉每边12～15条，纤细，上面微凸起，下面明显凸起，横脉在叶下面稍明显；叶柄长1～3cm，无毛。

花 伞形花序，单生或2个簇生于枝侧，无总梗；苞片外面被金黄色丝状柔毛，内面无毛，边缘有睫毛；花序有花7～8朵；花梗长约5mm，花被筒短，均密被黄褐色丝状长柔毛；花被裂片6，阔卵形或椭圆形，淡黄色至黄绿色，外面被丝状短柔毛，内面无毛。雄花：较雌花大，花被裂片长3～4mm，宽2mm；能育雄蕊9～12，花丝长约4mm，第3轮中部以上有2枚具短柄的腺体；退化雌蕊细小，长2.2mm，柱头纺锤形。雌花：较雄花略小，子房倒卵形，花柱肥大，柱头头状，2浅裂。

果 果实近球形，直径达2cm，顶端具短尖头；果托浅盘状，直径约8mm，边缘有波状齿，常残留有花被片；果梗长约8mm，稍粗，有短柔毛。

引种信息

峨眉山生物站 1985年11月3日自四川峨眉山万年寺引种苗（引种号85-0288-01-EMS）。生长速度快，长势好。

武汉植物园 2013年从四川峨眉山万年寺村引种苗（引种号20130018）。生长速度快，长势好。

物候

峨眉山生物站 2月下旬叶芽萌动，3月中旬展叶，4月上旬展叶盛期；1月下旬现蕾，2月上旬始花，2月下旬盛花，3月下旬末花；9月中旬果熟。

武汉植物园 2月叶芽开始膨大，3月中旬萌芽并开始展叶，3月下旬进入展叶盛期和末期；花果未见。

迁地栽培要点

抗寒性强，同时也能耐一定程度的高温及干旱，适于我国亚热带地区栽培。繁殖以播种为主。病虫害少见。

主要用途

树形优美，枝繁叶茂，可栽培做绿化观赏。

6 毛黄肉楠

Actinodaphne pilosa (Loureiro) Merrill, Trans. Amer. Philos. Soc. N. S. 24(2): 156. 1935.

自然分布

产广东、广西的南部。常生于海拔500m以下的旷野丛林或混交林中。越南、老挝也有分布。

迁地栽培形态特征

乔木或灌木，高4～12m，胸径达60cm。

茎 树皮灰色或灰白色，不甚开裂。小枝粗壮，幼时密被锈色茸毛。顶芽大，卵圆形，鳞片外面密被锈色茸毛。

叶 叶互生或3～5片聚生成轮生状，倒卵形或有时椭圆形，长12～24cm，宽5～12cm，先端突尖，基部楔形，革质，幼时两面及边缘均密生锈色茸毛，老叶上面光亮、无毛，下面有锈色茸毛；羽状脉，中脉及侧脉在叶上面微凸，下面明显凸起，侧脉每边5～7（～10）条，斜展，较直，仅先端略弧曲，横脉在下面明显；叶柄粗壮，长1.5～3cm，有锈色茸毛。

花 花序腋生或枝侧生，由伞形花序组成圆锥状；雄花序总梗较长，长达7cm，雌花序总梗稍短，均密被锈色茸毛；苞片早落，宽卵圆形，外面密被锈色茸毛；每一伞形花序梗长1～2cm，有锈色茸毛，有花5朵；花梗长约4mm，有锈色茸毛；花被裂片6，椭圆形，外面有长柔毛，内面基部有柔毛。雄花：花被裂片长约3mm；能育雄蕊9，花丝有长柔毛，第三轮基部两侧的腺体无柄或有短柄；退化雌蕊细小，长2.2mm，被长柔毛，柱头2浅裂，或无退化雌蕊。雌花：较雄花略小；花被裂片长1.5～2mm；退化雄蕊匙形，细小，长1mm，基部有长柔毛；雌蕊被长柔毛，花柱纤细，柱头2浅裂。

果 果未见。

引种信息

西双版纳热带植物园 2002年从广西凭祥市引种苗（引种号00,2002,2239）。生长速度快，长势良好。

物候

西双版纳热带植物园 全年零星展叶；11月下旬始花，12月上旬盛花，1月上旬末花；果未见。

迁地栽培要点

喜温暖的生长环境，忌低温冻害，但能稍耐干旱，特别适合我国南亚热带以南地区栽培。播种繁殖。病虫害少见。

主要用途

木材具胶质，刨成薄片泡水后得透明黏液，可供粘布、粘鱼网、作造纸胶和发胶用；树皮与叶供药用，有祛风、消肿、散瘀、解毒、止咳之效，并能治疮疖，对跌打损伤亦有效。开花集中，时间长，十分壮观，特别适合露天以及盆栽做观赏灌木。

植株
树皮
叶背
叶面
花序
花枝

7 毛果黄肉楠

Actinodaphne trichocarpa C. K. Allen, Ann. Missouri Bot. Gard. 25: 402. 1938.

自然分布

产四川、贵州、云南东北部至西部。生于山坡、路旁、灌木丛中，海拔1000~2600m。

迁地栽培形态特征

小乔木或灌木，高达8m。

茎 树皮黑褐色。幼枝初密被黄褐色贴伏柔毛，后变灰褐色，小枝基部常宿存有褐色的芽鳞片，长3~8mm，宽2~6mm，排列紧密。顶芽卵圆形，鳞片外被黄褐色微柔毛。

叶 叶4-7片密集成轮生状，倒披针形或长椭圆形，长5~14cm，宽1.5~3cm，先端渐尖，基部楔形，薄革质，上面深绿色，无毛，下面灰绿色，微具白粉，多少被贴伏灰黄色柔毛；羽状脉，中脉在叶上面平，在下面隆起，侧脉每边6~10对，鲜时叶两面均不甚明显；叶柄长5~10mm，有贴伏短茸毛。

花 伞形花序单生或多个簇生于2年生枝上，无总梗；每一花序有花4朵；花梗与花被筒被黄褐色长柔毛；花被裂片6，卵圆形，淡黄色，长4~4.5mm，宽约3mm，外面被黄褐色柔毛。雄花：能育雄蕊9，花丝无毛，第三轮中下部两侧的腺体肾形，有柄；退化雌蕊有黄褐色短茸毛。雌花：子房近球形，密被黄褐色短茸毛，花柱肥厚，有毛，柱头2浅裂；退化雄蕊扁平，条形。（野外花）

果 果梗粗短，有灰白色长柔毛。（野外果）

相似种区分

本种与红果黄肉楠［*Actinodaphne cupularis*（Hemsley）Gamble］相似，区别可参看后者描述。

引种信息

峨眉山生物站 2007年3月8日自四川峨眉山引种苗（引种号07-0304-EM）。生长速度慢，长势一般。

武汉植物园 2010年从四川峨眉山引种苗（引种号20100831）。生长速度慢，长势差。

物候

峨眉山生物站 3月上旬叶芽萌动，3月中旬展叶，4月上旬展叶盛期；花果未见。

武汉植物园 3月下旬开始展叶并进入展叶盛期，4月上旬展叶末期；花果未见。

迁地栽培要点

稍耐高温和低温，较耐旱但忌水涝，适合我国亚热带地区栽培。繁殖以播种为主。病虫害少见。

主要用途

木材供制家具和箱柜等用；叶、枝可提取芳香油；种子可榨油，供制肥皂和机器润滑油等用；亦可做绿化观赏用。

植株
叶背
叶面
果枝（野外）
宿存芽鳞
花序（野外）
果枝（野外）
果（野外）

油丹属

Alseodaphne Nees, Wallich Pl. Asiat. Rar. 2: 61, 71. 1831.

常绿乔木。顶芽具鳞片。叶互生，常聚生于近枝顶，羽状脉，干时常呈黑色。花序腋生，圆锥状或总状；苞片及小苞片脱落。花两性，3数。花被筒短，花被裂片6，近相等或外轮3枚较小，花后稍增厚，果时消失。能育雄蕊9，排列成3轮，花药4室，药室成对迭生，第一、二轮雄蕊花药药室内向，第三轮雄蕊花药药室外向或上方2药室侧向下方2药室外向，第一、二轮雄蕊花丝无腺体，第三轮雄蕊花丝基部有一对腺体。退化雄蕊3，位于最内轮，十分变小，近似箭头形。子房有部分陷入浅花被筒中，花柱通常与子房等长，柱头小，不明显，盘状。果卵珠形、长圆形或近球形，黑色或紫黑色，有时近圆柱形，顶端截形，肉质，多浆，红色、绿色或黄色，常具疣。

50余种，分布自斯里兰卡，经印度、缅甸、泰国、中南半岛及我国南部，至马来西亚、印度尼西亚及菲律宾。我国约有9种，产云南南部及广东、海南。

油丹属分种检索表

1a. 顶芽大型，卵球状，长达2.5cm，芽鳞紧密覆瓦状排列，外面及边缘密被黄褐色短柔毛；果大型，长圆状，长达5cm，宽3cm……………… 10. **西畴油丹 *A. sichourensis***

1b. 顶芽较小，卵形或球形，长约2mm，通常不明显；果扁球形、球形、卵形或长圆形，扁球形、球形或卵形时直径均在3cm以下，但长圆形长可达5cm，但此时顶芽不明显。

  2a. 枝条干时明显呈灰白色……………… 11. **云南油丹 *A. yunnanensis***

  2b. 枝条干时不明显呈灰白色。

    3a. 圆锥花序比叶片长得多；叶下面被毛……………… 8. **毛叶油丹 *A. andersonii***

    3b. 圆锥花序比叶片短或与其近等长；叶下面无毛……………… 9. **长柄油丹 *A. petiolaris***

8

毛叶油丹

Alseodaphne andersonii (King ex J. D. Hooker) Kostermans, Reinwardtia. 6: 159. 1962.

自然分布

产云南东南部及南部、西藏东南部。生于潮湿沟底至山顶的常绿阔叶林中，为该类型森林中的主要上层树种之一，海拔1200~1500m。印度东北部、缅甸、泰国、老挝至越南也有。

迁地栽培形态特征

乔木，高达25m，胸径达45cm。

茎 树皮棕褐色，薄片状开裂；枝条粗壮，近黑色，具纵向条纹，有少数不明显褐色长圆形皮孔，幼时被锈色微柔毛，老时变无毛。

叶 叶椭圆形，长12~24cm，宽6~12cm，先端骤短尖，基部锐尖至宽楔形，近革质，上面晦暗，无毛，下面绿白色，幼时被锈色微柔毛，老时毛被渐脱落；中脉在上面凹陷，下面凸起，侧脉每边9~11条，斜向上升，在上面凹陷或扁平，下面凸起，在叶缘之内消失，横脉远隔，明显，常分枝，细脉网结，有蜂巢状的浅窝穴；叶柄粗壮，长（2）4~5.5cm，腹凹背凸，多少被锈色微柔毛。

花 圆锥花序生于枝条上部叶腋内，长20~35cm，多分枝，最末端分枝具（3）5~6花；总梗长10~15cm，与各级序轴及花梗均密被锈色微柔毛。花梗纤细，长约2mm，果时增粗。花被裂片卵圆形，长（1.5）2~2.5mm，密被锈色微柔毛；外轮花被片略小，具3脉，内轮花被片较大，具5脉，果时均脱落。能育雄蕊细小，第一、二轮雄蕊花药长圆形，具腺点，药室4，成对迭生，内向，花丝无腺体，被长柔毛；第三轮雄蕊花药长方形，具腺点，药室4，成对迭生，外向，花丝基部有一对大而近无柄的腺体，被长柔毛。退化雄蕊微小，肾形。子房卵球形，花柱短而偏斜，柱头头状。

果 果长圆形，长达5cm，宽达2.8cm，鲜时绿色，熟时紫黑色；果梗鲜时肉质，紫红色，长约1cm，上端膨大，粗约4mm。

引种信息

西双版纳热带植物园 2008年从云南景洪市龙帕引种苗（引种号00,2008,0755）。生长速度快，长势好。

物候

西双版纳热带植物园 全年零星展叶；8月上中旬始花，8月中下旬盛花、末花；12月下旬果熟。

迁地栽培要点

喜温暖湿润的生长环境，忌低温，适合我国热带地区栽培。繁殖以播种为主。病虫害少见。

主要用途

木材可做家具。

植株 果实 叶面及果实 花序 叶正反面及果实 树皮

9

长柄油丹

Alseodaphne petiolaris (Meisner) J. D. Hooker, Fl. Brit. India. 5: 145. 1886.

自然分布

产云南南部。生于干燥疏林或常绿阔叶林中，海拔620~900m。印度、缅甸也有。

迁地栽培形态特征

乔木，高达20m。

茎 树皮灰色，薄片状开裂；枝条粗壮，近轮生，淡褐色，略具棱角，散布近圆形栓质皮孔，除幼部外几无毛。顶芽卵珠形，芽鳞紧密，密被褐色微柔毛。

叶 叶宽大，倒卵状长圆形或长圆形，长14~26cm，宽6~15cm，先端圆形或钝形，骤然短尖或微缺，基部楔形或近圆形，两侧常不相等，厚革质，两面褐色，但幼时下面呈绿白色，上面光亮，下面晦暗；中脉在上面凹陷下面凸起，侧脉每边约11条，上面略凸起，下面十分显著，斜伸，末端弧状网结，横脉与小脉网结，脉网两面明显凸起；叶柄粗壮，长1.5~2.5（5）cm，腹面具槽，背面圆形，无毛。

花 圆锥花序多花，近顶生，多数聚生于枝梢，长（10）15~30cm，总梗长6~13cm，沿序轴尤其是节上被锈色短柔毛，分枝，最下部分枝长达10cm。花小，长约2.5mm；花梗长约2mm，被锈色短柔毛。花被筒宽倒锥形，长约1mm，花被裂片6，圆状卵圆形，先端钝，外轮长2mm，宽1.8mm，内轮长2.5mm，宽2mm，两面密被锈色微柔毛。能育雄蕊9，第一轮雄蕊长约1.2mm，花丝极短，被疏柔毛，花药宽卵圆形，先端钝，长约0.8mm，4室，上2室较小，下2室较大，药室均内向；第二轮雄蕊长1.8mm，花丝扁平，被疏柔毛，花药宽卵状椭圆形，先端钝，4室，均内向；第三轮雄蕊长2.2mm，花丝与花药等长，被疏柔毛，近基部有成对圆状心形具短柄腺体，花药椭圆形，先端平截或中央略凹陷，4室，上2室较小，下2室较大，均外侧向。退化雄蕊微小。子房卵珠形，长0.8mm，无毛，向上渐狭成长1.6mm的花柱，柱头盾状，具3圆裂。

果 果长圆状卵球形，长2.8mm，直径约1.3cm，顶端浑圆，肉质；果梗粗壮，长约5mm，顶端膨大，直径达4mm。（野外果）

引种信息

西双版纳热带植物园 2010年从云南勐腊县磨憨口岸引种苗（引种号00,2010,0783）。生长速度快，长势好。

物候

西双版纳热带植物园 全年零星展叶；11月上中旬始花，11月中下旬盛花、末花；果未见。

迁地栽培要点

喜温暖生长环境，不耐低温，亦忌水涝，适合我国热带地区栽培。播种繁殖。病虫害少见。

主要用途

木材可做家具用。

植株 果枝（野外） 树皮 果序（野外） 叶背 叶面 幼嫩花序

10
西畴油丹

Alseodaphne sichourensis H. W. Li, Acta Phytotax. Sin. 17(2): 70. 1979.

植株
花序（野外）
花序（野外）

自然分布

产云南东南部。生于石灰山上常绿阔叶林中，海拔1300～1450m。

迁地栽培形态特征

常绿乔木，高达30m，胸径达60cm。

茎 一年生枝条圆柱形，粗5～6mm，红褐色，无毛，散布有纵向开裂的凸起的栓质长圆形皮孔及近圆形的大叶痕；当年生枝条近圆柱形，通常短小，长4～10cm，粗4～5mm，带红色，无毛，基部有极密集的环状排列的芽鳞痕。顶芽大，卵球形，长达2.5cm，芽鳞宽卵圆形或近圆形，顶端具小凸尖头，除基部的芽鳞常无毛外其余芽鳞外面及边缘密被黄褐色短柔毛，紧密覆瓦状排列。

叶 叶互生，疏离，长圆形，长9~20cm，宽2.5~5.7cm，先端短渐尖，基部楔形或宽楔形，有时一侧略偏斜，近革质，边缘微内卷，上面绿色，下面淡绿色，两面无毛；羽状脉，中脉直贯叶端，上面在下部略凹陷但在上部却近于平坦，下面十分凸起，侧脉每边约12条，弧曲，近叶缘处网结并消失，两面明显，横脉和小脉网状，在上面不明显，下面却略呈蜂巢状小窝穴；叶柄长2~5cm，腹平背凸，无毛，带红色。

花 圆锥花序数个生于当年枝叶腋，粗壮，长6~10cm，密被柔毛；花被片6，长约2mm，外轮较内轮略窄；两面略被微柔毛或近无毛；能育雄蕊9，3轮，最内轮基部有腺体；子房卵形，长近1mm，先端盾状。（野外花）

果 果序圆锥形，短小，长5~8.5cm，生于当年生枝条近下部，仅1果发育，果轴带红色，无毛。果椭圆形，长达5cm，宽3cm，红色，无毛；果梗粗短，肉质，长约5mm，顶端直径约4mm，无毛。（野外果）

引种信息

西双版纳热带植物园　2015年从云南文山引种子（引种号00,2015,0348）。生长速度快，长势好。

物候

西双版纳热带植物园　全年零星展叶；花果未见。

迁地栽培要点

喜温暖环境，不耐低温及水涝，适合我国热带石灰岩地区栽培。播种繁殖。病虫害少见。

主要用途

木材可做家具用。

树皮

叶背

叶面

11
云南油丹

Alseodaphne yunnanensis Kostermans, Candollea 28: 133. 1973.

植株
果枝（野外）
花序（野外）

自然分布

产云南东南部。生于山谷阴处岩石上，海拔约800m。

迁地栽培形态特征

小乔木。

茎 老枝粗壮，灰白色，具光泽，皮层纵裂，有多数褐色椭圆形皮孔；幼枝纤细，具皮孔。

叶 叶聚生于枝梢，最顶端的叶常近于对生，长圆形，长11～19cm，宽4.5～6cm，先端锐尖或渐尖，基部宽楔形，渐狭成柄，坚纸质，两面无毛，略光亮，有细而密的蜂巢状小窝穴；中脉在上面凹陷下面凸起，侧脉9～11对，上面不明显，下面凸起，向上斜展，有时分叉，末端弧状网结；叶柄稍纤细，长1～2cm，腹面具浅槽，背面近圆形。

花 圆锥花序腋生，长2～3（4）cm，少花，被褐色疏柔毛，不分枝或具短分枝；总梗长1～3.5cm；花梗纤细，长5～8mm，无毛。花被裂片6，外面无毛，内面密被淡褐色疏柔毛，外轮花被片卵圆形，长3mm，宽1.5mm，先端急尖，内轮花被片宽卵圆形，长3.5mm，宽达2mm，先端急尖。能育雄蕊9，第一、二轮雄蕊花药宽椭圆形，长3～4mm，药室内向，花丝几与花药等长，被疏柔毛；第三轮雄蕊花药较狭，先端截平，药室侧向，花丝被疏柔毛，基部有一对大腺体。退化雄蕊明显，长1.3mm，箭头形，具柄。子房近球形，长2.5mm，无毛，花柱短小，长仅0.5mm，柱头盘状，不明显。（野外花）

果 果扁球形，长达2cm，宽达3cm，果梗顶端明显增粗。（野外果）

引种信息

西双版纳热带植物园 2015年从云南文山引种子（引种号00,2015,0350）。生长速度快，长势良好。

物候

西双版纳热带植物园 全年零星展叶；花果未见。

迁地栽培要点

喜温暖湿润环境，忌低温，适合我国热带地区栽培。播种繁殖。病虫害少见。

主要用途

木材做家具用。

树皮

叶面

叶背

琼楠属

Beilschmiedia Nees, Wallich Pl. Asiat. Rar. 2: 61, 69. 1831.

常绿乔木或灌木；叶对生、近对生或互生，厚革质至坚纸质，很少近膜质，羽状脉，网脉通常明显；花小，两性；花序短，多为聚伞状圆锥花序，有时为腋生花序或近总状花序，幼花序有时由覆瓦状排列、早落的苞片所包被；花被筒短，花被裂片6（或8），相等或近相等，果时花被通常完全脱落；能育雄蕊9，稀6或8，排成三轮，第一、二轮无腺体而药室内向，第三轮基部有2个具柄或无柄腺体而药室外向，花药均2室；退化雄蕊3，位于最内轮，卵圆形、心形或三角形，具短柄；子房无柄，花柱顶生；果为浆果状核果；果梗膨大或不膨大。

约300种，主要分布于热带非洲、东南亚、大洋洲和美洲，我国有39种（其中33种为特有种），分布于我国西南地区至台湾。

琼楠属分种检索表

1a. 顶芽被毛。
- 2a. 叶下面密布腺状小凸点……………………………………15. **少花琼楠 *B. pauciflora***
- 2b. 叶下面无腺状小凸点……………………………………12. **美脉琼楠 *B. delicata***

1b. 顶芽无毛。
- 3a. 果小，椭圆形，长不及2cm，常具瘤状小凸点；果梗粗1～2mm；上面脉不明显或略明显……………………………………13. **广东琼楠 *B. fordii***
- 3b. 果大，卵圆形或近圆球形，长2.5cm以上，光滑或具瘤状小凸点，果梗粗3mm以上；叶上面网脉明显凸起……………………………………14. **贵州琼楠 *B. kweichowensis***

12
美脉琼楠

Beilschmiedia delicata S. K. Lee et Y. T. Wei, Acta Phytotax. Sin. 17(2): 65. 1979.

自然分布

产广东、广西、贵州西南部。常生于山谷路旁、溪边、密林或疏林中。

迁地栽培形态特征

常绿乔木，高达20m。

茎 树皮灰褐色，不开裂；小枝绿色，近圆形，疏被短柔毛；顶芽小，密被灰黄色短柔毛。

叶 叶近对生，有时互生，革质，长7～12cm，宽2～4cm，很少更长或更宽，先端渐尖，基部楔形或阔楔形，两面无毛或下面有微小柔毛；中脉在两面明显凸起，侧脉每边8～12对，在上面平坦，下面凸起，小脉密网状，纤细，上面几不可见，下面明显；叶柄长8～13mm，无毛或被微毛。

花 聚伞状圆锥花序腋生或顶生，长3～6cm，序轴及各部分被短柔毛；苞片及小苞片早落；花黄带绿色；花梗长2～8mm；花被裂片卵形至长圆形，长1.5～2.5mm，被短柔毛；能育雄蕊9，花丝被短柔毛；退化雄蕊3，肾形。（野外花）

果 果椭圆形或倒卵状椭圆形，长2～3cm，直径1～2cm，先端圆形，未成熟时绿色，成熟后黑色，密被明显的瘤状小凸点；果梗长5～10mm，粗2～3mm。（野外果）

引种信息

武汉植物园 2012年从广西河池市肯莫镇引种苗（引种号20120322），同年从广西凤山县金牙乡坡茶村引种苗（引种号20120393）。生长速度一般，长势弱。

物候

武汉植物园 2月上旬萌芽并开始展叶，3月中旬至下旬进入展叶盛期，4月上旬展叶末期，此外秋季也常零星展叶；花果未见。

迁地栽培要点

耐高温，较耐干旱和贫瘠，抗寒性较差，在-3℃以下低温受冻害严重。适于我国中亚热带及以南地区栽培。繁殖以播种为主。病虫害少见。

主要用途

枝叶繁茂，四季常绿，适合做绿化观赏。

树皮
新叶
叶面
叶背
花序（野外）
果特写（野外）
果枝（野外）
果枝（野外）
植株

13
广东琼楠

Beilschmiedia fordii Dunn, J. Bot. 45: 404. 1907.

植株　树皮　叶面

自然分布

产广东、广西、四川、湖南、江西。常生于湿润的山地山谷密林或疏林中。越南也有分布。

迁地栽培形态特征

常绿乔木，高达18m，胸径达50cm。

茎 树皮褐色，不裂，常斑块状剥落，内皮红褐色；小枝绿色，圆柱形，无棱角，无毛；顶芽卵状披针形，无毛。

叶 叶对生或近对生，革质，各部均无毛，披针形或长椭圆形，长（6）8~14cm，宽3~4.5cm，先端渐尖，基部楔形或阔楔形，稍下延，上面深绿色，极具光泽，下面淡绿色；中脉上面下陷，下面凸起，侧脉纤细，每边6~10条，侧脉及网脉两面均不明显或略明显。叶柄长1~2cm。

花 聚伞状圆锥花序通常腋生，长1~3cm，花密；苞片早落，内面被锈色短柔毛；花黄绿色；花梗长3~5mm；花被裂片卵形至长圆形，长1.5~2mm，无毛。

果 果椭圆形，长1.4~1.8cm，两端圆形，通常具瘤状小凸点；果梗粗1.5~2mm。

引种信息

武汉植物园 引种信息不详。生长快，长势好。

物候

武汉植物园 3月下旬至4月上旬萌芽、开始展叶，4月上旬进入展叶盛期，4月中旬展叶末期；4～10月均可零星开花；11月上旬果熟。

迁地栽培要点

耐高温，同时也能耐-5℃严寒，适合于我国长江流域以南地区栽培。繁殖以播种为主。病虫害少见。

主要用途

树形高大通直，枝叶繁茂且有光泽，四季常青，适合做绿化观赏。

14
贵州琼楠

Beilschmiedia kweichowensis Cheng, Not. For. Res. Inst. Centr. Univ. Naking, Dendrol. Ser. 1: 1-3. 1947.

自然分布

产广西、贵州、四川、重庆等地。

迁地栽培形态特征

常绿小乔木，高8m。

茎 树皮棕灰色，光滑，小枝灰绿色，纤细，光滑无毛。

叶 革质，互生至对生，长椭圆形或矩圆形，先端尾状长渐尖，基部楔形或阔楔形，长8~14cm，宽3~6.5cm，上面深绿色，具光泽，背面绿色；中脉两面凸起，侧脉6~8对，两面凸起，明显；叶柄长0.5~1.1cm。

花 聚伞圆锥花序，腋生，花疏；花梗长约1cm；花被长约3mm，花被管长约1mm，花被裂片6枚，排裂两轮，椭圆卵形，长约2mm，花后花被自基部整齐环裂脱落。雄蕊9枚，被小柔毛，长约2mm，排成3轮，花药2室，第一、二轮雄蕊花药内向，无腺体，第3轮的花药侧外向，花丝基部具2枚灰白色不规则头状无柄腺体;子房椭圆卵状，长约1.5mm，无毛。

果 卵圆形或近圆球形，长2.5~3cm，直径2.5~3.2cm，熟后暗紫色，光滑。果梗长1.8~4.6cm。

引种信息

峨眉山生物站 1986年2月26日从重庆缙云山引种苗（引种号86-0296-01-CQ）。生长速度缓慢，长势良好。

物候

峨眉山生物站 3月上旬叶芽萌动，3月下旬开始展叶，4月中旬展叶盛期；4月上旬现蕾，4月中旬始花，5月中旬盛花；果熟期10月中旬至11月中旬。

迁地栽培要点

适应力强，既耐高温，同时也具有较强的抗寒性，稍耐干旱和水涝，适合在我国长江流域及以南地区栽培。播种繁殖。病虫害少见。

主要用途

树形优美，四季常青，叶片具光泽，十分美丽，可栽培供观赏。

树皮
叶背
花特写
花序
果枝
果
幼果枝
植株

15
少花琼楠

Beilschmiedia pauciflora H. W. Li, Acta Phytotax. Sin. 17(2): 64. 1979.

植株

自然分布

产云南南部。生于海拔550～1000m的山坡或沟底的疏林或密林中。

迁地栽培形态特征

乔木，高达18m。

茎 树皮灰色。枝条粗壮，灰褐色，具疣状凸起，无毛。顶芽细小，与幼枝多少被短柔毛。

叶 叶对生或互生，长椭圆形至倒卵形，通常长20cm，宽6cm，先端钝、圆形或微缺，稀锐尖至短渐尖，基部楔形而渐狭，薄革质，干时上面灰褐色或绿褐色，下面有极细腺状小凸点，暗晦，两面无毛；中脉上面平坦或在中下部微陷，侧脉每边约11条，斜升，两面多少明显，小脉疏网状两面多少明显；叶柄长5～15mm。

花 花序聚伞状，腋生或近顶生，短小，长1～2cm，具1～3花；总梗长1cm，被黄褐色短柔毛；花白色，开花时直径可达5mm；花梗长2～7mm；花被裂片椭圆状披针形，长3mm，宽约1mm，被短柔毛，具透明腺点；能育雄蕊6，与花被片对生，长约3mm，花药长圆形，长约1mm，药室均内向，花丝被短柔毛，在花被片凹缺处下方有一圆状肾形无柄腺体；退化雄蕊圆状肾形，具短柄，子房近球形，略被短柔毛。

果 果长椭圆形，长3.5～5cm。

引种信息

西双版纳热带植物园 引种信息不详。生长速度快，长势良好。

物候

西双版纳热带植物园 全年零星展叶；3月上旬至中旬始花，3月下旬盛花，4月上旬末花；8月果熟。

迁地栽培要点

喜温暖湿润的生态环境，忌低温，适合在我国热带地区栽培。播种繁殖。病虫害少见。

主要用途

木材可制作家具。

植株　树皮　果与叶

檬果樟属

Caryodaphnopsis Airy Shaw，Bull. Misc. Inform. Kew 1940: 74. 1940.

灌木或小至中等大乔木。枝条圆柱形，有时因略具棱角而多少呈扁四棱形。叶对生或近对生，卵形至卵状长圆形，薄革质，具离基三出脉，具柄。花两性，排列成常为横出的狭而细长的腋生圆锥花序；苞片及小苞片均细小。花被筒极短或近于无，花被裂片6，脱落，外轮细小，三角形，开张，内轮大得多，宽三角状卵圆形，镊合状。能育雄蕊9，或为棒状长圆形而花丝不明显，或花药呈正方形而花丝明显且呈扁平向，花药4室，偶亦有各轮花药均2室或仅第一、二轮花药2室；第一、二轮药室内向，第三轮药室外向或侧外向；第一、二轮花丝无腺体，第三轮花丝基部有一对近无柄的腺体。退化雄蕊3，位于最内轮，微小，箭头形，具短柄。子房卵珠形，花柱短，柱头不明显，2～3裂。果大，倒卵珠形或长椭圆状球形，梨果状，坚硬，亮绿色，外果皮薄膜质，中果皮肉质，常分解，内果皮软骨质；果梗多少增厚，顶端膨大。种子大、硬，形状与果同。

约7种，分布于我国云南以及老挝、越南北部至马来西亚的沙巴及菲律宾。我国有4种，均产于云南南部。

檬果樟属分种检索表

1a. 花序及花被外面近无毛或幼时略被短柔毛；花小，直径2～3mm，内轮花被片内面略被短茸毛 ……………………………………………………………………… 16. **小花檬果樟 *C. henryi***

1b. 花序及花被外面多少明显被短柔毛或短茸毛；花较大，直径3.5～5mm，内轮花被片内面密被短茸毛 ……………………………………………………………………… 17. **檬果樟 *C. tonkinensis***

16
小花檬果樟

Caryodaphnopsis henryi Airy Shaw, Bull. Misc. Inform. Kew. 1940: 75. 1940.

植株　树皮

自然分布

产云南东南部。生于山坡疏林中或林缘，海拔约2100m。

迁地栽培形态特征

小乔木，高3～4.5m。

茎 树皮灰色，不甚开裂，内皮红色；枝条纤细，圆柱形或略具棱角，粗约3.5mm，灰褐色，疏生小皮孔。

叶 叶对生或近对生，卵圆形或椭圆状长圆形，长9～15cm，宽4.5～6.5cm，先端短渐尖或锐尖，基部极圆形，稀浅心形或近楔形，坚纸质，两面无毛，上面暗褐色，下面苍白色，边缘增厚，平坦或微内卷；具离基三出脉，中脉上面近平坦，下面稍凸起，侧脉每边3～4条，最基部的侧脉约离基部5mm自中脉斜向直伸，并延伸至叶片一半以上，其余侧脉在叶片1/3或以上自中脉弧曲上升，在叶缘之内渐消失，横脉自侧脉近水平生出，与细脉网结；叶柄长1～1.2cm，粗约1.5mm，腹平背凸，几无毛。

花 花未见。

果 果阔卵形，顶端明显收缩变窄与果柄相连，长4～5cm。（野外果）

引种信息

西双版纳热带植物园 引种信息不详。生长速度一般，长势好。

物候

西双版纳热带植物园 全年零星展叶；花果未见。

迁地栽培要点

喜温暖湿度大的生长环境，不耐低温，适合在我国热带地区栽培。播种繁殖。病虫害少见。

主要用途

木材可制作家具。

叶背　果实侧面（野外）　果实正面（野外）

叶面

17
檬果樟

Caryodaphnopsis tonkinensis (Lecomte) Airy Shaw, Bull. Misc. Inform. Kew. 1940: 75. 1940.

自然分布

产云南南部。生于山谷疏林中或林缘路旁，海拔120～1200m。越南北部至马来西亚的沙巴及菲律宾也有分布。

迁地栽培形态特征

小或中等大乔木，高3～8（15）m，胸径可达20cm。

茎 树皮灰棕色，浅纵裂；小枝圆柱形，淡褐色，无毛，具纵向细条纹，间或有具棱角的。

叶 叶对生或近对生，卵圆状长圆形，长（10）15～19cm，宽4.5～8.5cm，先端钝而短渐尖，尖头钝或具小突尖，基部渐狭、宽楔形至近圆形，坚纸质，两面无毛，上面暗褐色，下面苍白色，边缘增厚，平坦或微内卷；离基三出脉，中脉纤细，上面凹陷，下面凸起，侧脉3～4对，斜展，最基部一对侧脉离叶基3～15mm处自中脉近于直伸并向上延伸至叶片一半以上，其余侧脉在叶片中部或以上自中脉生出，通常互生，稀近对生，十分弧曲，在末端网结，横脉自侧脉生出，与细脉网结，各级脉均纤细且在下面凸起；叶柄长0.8～2cm，纤细，腹凹背凸，无毛或疏被褐色柔毛。

花 圆锥花序长（3）4～13cm，腋生，狭长而纤细，序轴被短茸毛，具短分枝，分枝对生或近对生，横向，多被黄褐色短茸毛，其上再分枝或少分枝，末端为3～7花组成近伞房状的聚伞花序；苞片及小苞片钻形，长1～2mm，被黄褐色短茸毛。花白色或绿白色，开花时直径4～5（6）mm；花梗极纤细，长3～5mm，被极细而贴生的锈色短茸毛。花被裂片6，外轮细小，三角形，长不超过1mm，外被微柔毛，内无毛，内轮大得多，宽卵圆状三角形，长3～3.5mm，宽约3mm，近锐尖，稍厚，外密被贴生锈色微柔毛，内密被褐色短茸毛。能育雄蕊9，第一轮雄蕊长约1.5mm，内弯，密被锈毛，花丝不明显，花药棒状长圆形，下2药室较上2药室稍大且常侧生；第二轮雄蕊与第一轮雄蕊相似，但稍短而宽，内面中部无毛；第三轮雄蕊较狭长，花药近长圆形，药室近于侧生，花丝基部有一对无毛无柄的盘状腺体。退化雄蕊箭头状三角形，外面被微柔毛，内面除中部外无毛，具短柄。子房卵球形，长约1mm，花柱极短，柱头不明显。

果 果长椭圆状球形，顶端圆，基部楔形，骤然收缩成短柄，无毛，长约7cm，直径约5cm，果皮厚约0.5mm，外果皮薄膜质，中果皮常分解，最后消失，内果皮软骨质；果梗长2～8mm，直径约2.5mm。种子1，硬，形状与果同。

引种信息

西双版纳热带植物园 1989年从云南景洪市引种子（引种号00,1989,0117）；同年从云南沧源县引种子（引种号00,1989,0182）；1997年从云南河口县引种子（引种号00,1997,0423）。生长速度快，长势好。

物候

西双版纳热带植物园 全年零星展叶；3月中旬至下旬始花，4月上旬盛花，4月中旬末花；7月下旬至8月上旬果熟。

迁地栽培要点

喜温暖、空气湿度大的生长环境，忌低温，适合我国热带地区栽培。播种繁殖。病虫害少见。

主要用途

木材可做家具。

植株

树皮

花枝侧面

花枝正面

发芽果实

发芽果实特写

叶背

果实侧面

叶面

果实正面

花序

花特写

无根藤属

Cassytha Linnaeus，Sp. Pl. 1: 35. 1753.

多黏质的寄生缠绕草本，借盘状吸根攀附于寄主植物上。茎线形，分枝，绿色或绿褐色。叶退化为很小的鳞片。花小，两性，极稀由于不育而呈雌雄异株或近雌雄异株，生于无柄或具柄的鳞片状苞片之间，每花下有紧贴于花被下方的2枚小苞片，排列成穗状、头状或总状花序。花被筒陀螺状或卵珠状，花后顶端紧缩，花被裂片6，排成二轮，外轮3枚很小。能育雄蕊9，第一、二轮雄蕊花丝无腺体，花药药室2，内向；极稀第二轮雄蕊退化成狭长的退化雄蕊；第三轮雄蕊花丝基部有一对近无柄的腺体，花药药室2，外向。退化雄蕊3,位于最内轮，近无柄或具柄。子房在开花时几不藏于花被筒内，花后由于花被筒增大，顶端收缩，因而子房全然封闭；花柱不明显；柱头小或头状，近无柄。果包藏于花后增大的肉质花被筒内，但彼此分离，顶端开口，并有宿存的花被片。种子薄膜质或革质；子叶肉质，常不等大，成熟时多少变硬，背腹紧贴，或幼时分开成熟时完全黏合。

15~20种，产于热带地区，1种为泛热带分布，少数种产于非洲，大多数种产于澳大利亚热带。我国南部各地产1种。

18
无根藤

Cassytha filiformis Linnaeus, Sp. Pl. 1: 35. 1753.

植株

自然分布

产云南、贵州、广西、广东、湖南、江西、浙江、福建及台湾等地。生于山坡灌木丛或疏林中，海拔980～1600m。热带亚洲、非洲和澳大利亚也有分布。

迁地栽培形态特征

寄生缠绕草本，借盘状吸根攀附于寄主植物上。

茎 茎线形，草绿色或绿褐色，稍木质，幼嫩部分被锈色短柔毛，老时毛被稀疏或变无毛。

叶 叶退化为微小的鳞片。

花 穗状花序长2～5cm，密被锈色短柔毛；苞片和小苞片微小，宽卵圆形，长约1mm，褐色，被缘毛。花小，白色，长不及2mm，无梗。花被裂片6，排成2轮，外轮3枚小，圆形，有缘毛，内轮

3枚较大，卵形，外面有短柔毛，内面几无毛。能育雄蕊9，第一轮雄蕊花丝近花瓣状，其余的为线状；第一、二轮雄蕊花丝无腺体，花药2室，室内向；第三轮雄蕊花丝基部有一对无柄腺体，花药2室，室外向。退化雄蕊3，位于最内轮，三角形，具柄。子房卵珠形，几无毛，花柱短，略具棱，柱头小，头状。

果 果小，卵球形，包藏于花后增大的肉质果托内，但彼此分离，顶端有宿存的花被片。

引种信息

西双版纳热带植物园 园区野生。生长速度快，长势好。

物候

西双版纳热带植物园 8月中旬至8月下旬始花、盛花，8月下旬末花；10月下旬果熟。

迁地栽培要点

喜温暖、光线条件好的环境，对低温适应性差，适合我国中亚热带以南地区生长。未见病虫害。

主要用途

本植物对寄主有害，但全草可供药用，具化湿消肿、通淋利尿的功能，治肾炎水肿、尿路结石、尿路感染、跌打疖肿及湿疹，又可做造纸用的糊料。

花枝 花特写 果序 果枝

樟属

Cinnamomum Schaeffer，Bot. Exped. 74. 1760.

常绿乔木或灌木；叶互生、近对生或对生，有时聚生于枝梢，离基三出脉或三出脉，亦有羽状脉；花小或中等大，两性，稀为杂性，组成腋生或近顶生、顶生的圆锥花序，由（1）3至多花的聚伞花序所组成；花被筒短，杯状或钟状，花被裂片6，近等大，花后完全脱落，或上部脱落而下部留存在花筒的边缘上，极稀宿存。能育雄蕊9，稀较少或较多，排成三轮，第一、二轮无腺体，第三轮近基部有2个具柄或无柄的腺体，花药4室，稀第三轮的为2室，第一、二轮的内向，第三轮的外向；退化雄蕊3，位于最内轮，心形或箭头形，具短柄；花柱与子房等长，纤细，柱头头状或盘状，有时3圆裂；果肉质，其下有果托；果托杯状、钟状或圆锥状，截平或边缘波状，或有不规则小齿，有时有由花被裂片基部形成的平头裂片6枚。

约250种，分布于热带及亚热带亚洲、澳大利亚至太平洋岛屿，我国有49种（其中30种为特有种），主产南方各地，北达陕西及甘肃南部，分布种数最多是云南，其次是广东和四川。

樟属分种检索表

1a. 果时花被片完全脱落；芽鳞明显，覆瓦状；叶互生，羽状脉或离基三出脉。

2a. 叶老时下面明显被毛……28. **银木 *C. septentrionale***

2b. 叶老时两面无毛或近无毛。

3a. 叶卵状椭圆形，下面干时常带白色，离基三出脉，侧脉及支脉脉腋下面有明显的腺窝……21. **樟 *C. camphora***

3b. 叶形多变，但下面干时不带白色，羽状脉，仅侧脉脉腋下面有明显的腺窝或无腺窝……26. **油樟 *C. longepaniculatum***

1b. 果时花被片宿存，或上部脱落下部留存在花被筒的边缘上；芽裸露或芽鳞不明显；叶对生或近对生，三出脉或离基三出脉。

4a. 叶两面尤其是下面幼时无毛或略被毛，老时明显无毛。

5a. 花序少花，常为近伞形或伞房状，具（1）3～5花，通常短小……27. **少花桂 *C. pauciflorum***

5b. 花序近总状或圆锥状，多花，具分枝。

6a. 果托边缘截平，或波状……24. **天竺桂 *C. japonicum***

6b. 果托具整齐6齿裂，齿端截平、圆或锐尖。

7a. 圆锥花序短小，长（2)3～6cm，比叶短很多，被灰白色微柔毛；叶卵形、长圆形、披针形至线状披针形或线形；果卵球形，长约8mm，宽约5mm。

8a. 叶卵圆形至长圆形，宽2～5cm；花梗长4～6mm……20. **阴香 *C. burmannii***

8b. 叶线形至线状披针形或披针形，宽（0.7）1～2（4）cm；总梗纤细；花梗可达10mm……23. **狭叶桂 *C. heyneanum***

7b. 圆锥花序较长，常与叶等长，被灰白短柔毛或微柔毛；叶卵圆形，卵状披针形至椭圆状长圆形；果椭圆形或卵球形，长13mm以上。

9a. 叶革质，卵圆形或长圆状卵形，长8～11（14）cm，宽4～5.5（9）cm，先端锐尖，基部圆形，基生侧脉达叶片长3/4处消失，下面具明显而密集浅蜂巢状脉网，圆锥花序顶生；果托具齿裂，齿短而圆；枝、叶、树皮干时不具香气……25. **兰屿肉桂 *C. kotoense***

9b. 叶质地和叶形多变，革质或近革质至坚纸质，卵圆形或卵状披针形，长11～16cm，宽4.5～5.5cm，先端渐尖，基部锐尖，基生侧脉近叶端处消失，横脉和小脉在叶下面常稍为显著但不明显呈浅蜂巢脉网；圆锥花序腋生及顶生；果托具齿裂，齿先端截形或锐尖；枝、叶、树皮干时具浓烈香气……29. **锡兰肉桂 *C. verum***

4b. 叶两面尤其是下面幼时明显被毛，老时不脱落或渐变稀薄，极稀最后变无毛。

10a. 植株各部毛被为灰白至银色柔毛、微柔毛或绢毛……30. **川桂 *C. wilsonii***

10b. 植株各部毛被污黄、黄褐至锈色，为短柔毛或短茸毛至柔毛。

11a. 叶下面横脉平行且明显凸起……19. **毛桂 *C. appelianum***

11b. 叶下面横脉不明显；栽培植物，枝、叶、树皮干时有浓烈的肉桂香气……22. **肉桂 *C. cassia***

19
毛桂

Cinnamomum appelianum Schewe, Anz. Akad. Wiss. Wien, Math.-Naturwiss. Kl. 61(1924): 20. 1925.

自然分布

产湖南、江西、广东、广西、贵州、四川、云南等地。生于山坡或谷地的灌丛和疏林中，海拔（350）500～1400m。

迁地栽培形态特征

常绿小乔木，高达6m，胸径达15cm。

茎 树皮灰白色，光滑不裂；分枝极长，侧枝少，小枝绿色，圆柱形，粗壮，密被污黄色硬毛状茸毛，芽狭卵圆形，密被污黄色硬毛状茸毛。

叶 叶近对生，少有互生，卵状椭圆形至椭圆状披针形，长5～11cm，宽2.5～4（5.5）cm，先端渐尖至长渐尖，基部阔楔形至近圆形，革质，幼时各处密被污黄色柔毛，老时上面仅基部叶脉具毛，略有光泽，下面密被污黄色柔毛，黄褐色，晦暗；离基三出脉自叶基1～3mm处生出，横脉多数，在下面多少明显；叶柄粗壮，长4～9mm，密被污黄色柔毛。

花 圆锥花序生于当年生枝条基部叶腋内，大多短于叶很多，长4～6.5cm，具5～11朵花，分枝，分枝长约0.5cm，总梗纤细，伸展，长1～1.5cm，与各级序轴被黄褐色微硬毛状短柔毛或柔毛，苞片线形或披针形，长2.5～3mm，宽0.7mm，两面被柔毛，早落。花白色，长3～5mm；花梗长2～3mm，极密被黄褐色微硬毛状微柔毛或柔毛。花被两面被黄褐色绢状微柔毛或柔毛但内面毛较长，花被筒倒锥形，长1～1.5mm，花被裂片宽倒卵形至长圆状卵形，先端锐尖，长3～3.5mm，宽约2mm。能育雄蕊9，稍短于花被片，长2.5～3.5mm，花丝被疏柔毛，第一、二轮雄蕊花药长圆形，与花丝等长，4室，室内向，花丝无腺体；第三轮雄蕊花药长圆形，4室，室外向，花丝中部有一对无柄的心状圆形腺体。退化雄蕊3，位于最内轮，长1.3～1.7mm，三角状箭头形，具短柄，柄被柔毛。子房宽卵球形，长1.2mm，无毛，花柱粗壮，柱头盾形或头状，全缘或略具3浅裂。

果 果椭圆形，长6～10mm，宽4～6mm，黑色；果托增大，漏斗状，长达1cm，顶端具齿裂，宽7mm。

引种信息

武汉植物园 2004年从广西龙胜县引种苗（引种号20049420）；同年从湖南绥宁县引种苗（引种号20040815）。生长快，长势良好。

物候

武汉植物园 12月叶芽开始膨大，翌年2月中旬萌芽，2月下旬开始展叶，3月上旬进入展叶盛期、末期；3月上旬现蕾，4月上旬始花，4月中旬盛花，4月中旬至4月下旬末花；10月下旬果熟。

迁地栽培要点

能耐高温，同时能忍受短时间-8℃的低温，有一定耐旱能力，但忌涝渍，适合我国长江流域以南地区栽培。繁殖以播种为主。较少病虫害。

主要用途

植株可做园林观赏；树皮可代肉桂入药；木材作一般用材，还可做造纸糊料。

20
阴香

Cinnamomum burmannii (Nees et T. Nees) Blume, Bijdr. 569. 1826.

自然分布

产广东、广西、云南及福建。生于疏林、密林或灌丛中，或溪边路旁等处，海拔100～2000m。印度经缅甸和越南，至印度尼西亚和菲律宾也有分布。

迁地栽培形态特征

常绿乔木，高达14m，胸径达30cm。

茎 树皮黑色，光滑不裂；幼枝纤细，绿色，略扁而有纵条纹，无毛；顶芽小，被微柔毛。

叶 叶近对生，少数互生，卵状长圆形、长圆形至长圆状披针形，长5.5～10.5cm，宽2～5cm，先端短渐尖，基部宽楔形，革质，上面绿色，极具光泽，下面粉绿色，晦暗，两面无毛；具离基三出脉，侧脉自叶基3～8mm处生出，向叶端消失，中脉及侧脉两面凸起且明显，横脉及细脉鲜时两面均不明显，干后两面微隆起而呈网状；叶柄长0.5～1.2cm，腹平背凸，近无毛。

花 圆锥花序腋生或近顶生，比叶短，长（2）3～6cm，少花，疏散，密被灰白微柔毛，最末分枝为3花的聚伞花序。花绿白色，长约5mm；花梗纤细，长4～6mm，被灰白微柔毛。花被内外两面密被灰白微柔毛，花被筒短小，倒锥形，长约2mm，花被裂片长圆状卵圆形，先端锐尖。能育雄蕊9，花丝全长及花药背面被微柔毛，第一、二轮雄蕊长2.5mm，花丝稍长于花药，无腺体，花药长圆形，4室，室内向；第三轮雄蕊长2.7mm，花丝稍长于花药，中部有一对近无柄的圆形腺体，花药长圆形，4室，室外向。退化雄蕊3，位于最内轮，长三角形，长约1mm，具柄，柄长约0.7mm，被微柔毛。子房近球形，长约1.5mm，略被微柔毛，花柱长2mm，具棱角，略被微柔毛，柱头盘状。

果 果卵球形，长约8mm，宽5mm；果托长4mm，顶端宽3mm，具齿裂，齿顶端截平。

引种信息

西双版纳热带植物园 1959年从华南植物园引种子（引种号00,1959,0354）。生长速度中等，长势一般。

昆明植物园 引种地云南西畴县，时间不详。长势弱，生长速度缓慢。

峨眉山生物站 2005年3月24日自四川仁寿县黑龙潭引种苗（引种号05-0032-HLT）。生长速度快，长势好。

武汉植物园 引种信息不详。生长速度中等，长势好，但冬季低温时外部枝叶常受冻害。

上海辰山植物园 2011年3月16日从湖南省森林植物园引种苗（登记号20121110）；2011年4月15日从上海植物园苗圃基地引种苗（登记号20112683）。生长速度较快，长势良好，顶端嫩叶冬季会受冻干枯。

物候

西双版纳热带植物园 全年零星展叶；2月下旬始花，3月上旬盛花，3月下旬末花；10月上旬至中旬果熟。

昆明植物园 3月上旬叶芽开始膨大，3月中旬开始展叶，3月下旬展叶盛期；花果未见。

峨眉山生物站 2月中旬叶芽萌动，2月下旬开始展叶，3月中旬展叶盛期；4月上旬现蕾，4月下旬始花，5月中旬盛花；翌年2月果熟。

武汉植物园 2月上旬叶芽开始膨大、萌芽，2月中旬开始展叶，2月下旬进入展叶盛期，2月下旬至3月上旬展叶末期；2月上旬现蕾，4月中旬始花，4月下旬盛花、末花；12月中旬至下旬果熟，常因积温不够而未熟先落。

上海辰山植物园 3月下旬始花，4月中旬盛花；果未见。

迁地栽培要点

耐阴，喜温热多雨气候，耐寒性较差，成年树-4℃开始受冻害，至-8℃有极其严重的冻害，枝叶大量冻死，适合我国南亚热带以南地区栽培，北亚热带可栽培种苗，但播种苗如不采取保温措施极易在当年冻死。繁殖以播种为主。病害主要有阴香粉实病、阴香叶斑病、阴香煤烟病等，虫害主要有小字大蚕蛾、阴香木虱、介壳虫、樟巢螟等。

主要用途

树冠浓荫，叶色光绿，为优良的行道树和庭园绿化树种；树皮、树叶、树根均含芳香油，杀菌能力强；木材适于建筑、枕木、桩木、矿柱、车辆等用材。

叶背
叶面
幼果枝
果
植株
花序
花枝

21
樟

Cinnamomum camphora (Linnaeus) J. Presl, Presl Prir. Rostlin. 2(2): 36. 1825.

花特写

自然分布

产南方及西南各地。常生于山坡或沟谷中，但多栽培用于绿化。越南、朝鲜、日本也有分布，其他各地常有引种栽培。

迁地栽培形态特征

常绿大乔木，高达30m。

茎 树皮黄褐色，纵裂。枝条圆柱形，绿色，无毛。顶芽广卵形或圆球形，鳞片外面略被绢状毛。

叶 叶互生，卵状椭圆形，长6~12cm，宽2.5~5.5cm，先端急尖，基部宽楔形至近圆形，边缘全缘，软骨质，有时呈微波状，上面绿色或黄绿色，有光泽，下面黄绿色或灰绿色，晦暗，两面无毛或下面幼时略被微柔毛；具离基三出脉，中脉两面明显，上部每边有侧脉3~5条，基生侧脉向叶缘一侧有少数支脉，侧脉及支脉脉腋上面明显隆起，下面有明显腺窝，窝内常被柔毛；叶柄纤细，长2~3cm，腹凹背凸，无毛。

花 圆锥花序腋生，长3.5～7cm，具梗，总梗长2.5～4.5cm，与各级序轴均无毛或被灰白至黄褐色微柔毛，被毛时往往在节上尤为明显。花绿白或带黄色，长约3mm；花梗长1～2mm，无毛。花被外面无毛或被微柔毛，内面密被短柔毛，花被筒倒锥形，长约1mm，花被裂片椭圆形，长约2mm。能育雄蕊9，长约2mm，花丝被短柔毛。退化雄蕊3，位于最内轮，箭头形，长约1mm，被短柔毛。子房球形，长约1mm，无毛，花柱长约1mm。

果 果卵球形或近球形，直径6～8mm，紫黑色；果托杯状，长约5mm，顶端截平，宽达4mm，基部宽约1mm，具纵向沟纹。

引种信息

昆明植物园 1948年引种于云南昆明农科所；1965年引种于杭州植物园。生长速度中等，长势中等。

桂林植物园 引种信息不详。生长速度快，长势良好。

杭州植物园 园区自然生长。生长速度较快，长势良好。

武汉植物园 园区自然生长。生长速度极快，长势良好。

南京中山植物园 1954年从上海引种（引种号89I51-6）；1955年从江西庐山植物园引种（引种号II1-363）。生长速度较快，长势良好。

物候

昆明植物园 2月末至3月初叶芽开始膨大，3月中旬萌芽并开始展叶，3月下旬展叶盛期，4月展叶末期；花果未见。

桂林植物园 2月中旬至下旬开始展叶，2月下旬至3月上旬展叶盛期、3月下旬展叶末期；3月下旬至4月上旬始花，4月上旬至中旬盛花，4月中旬至下旬末花；果未见。

杭州植物园 2月至3月上旬叶芽开始膨大，3月中旬至下旬萌芽，3月下旬开始展叶，3月下旬至4月上旬展叶盛期，4月上旬展叶末期；4月上旬现蕾，4月下旬始花并迅速进入盛花期、末花期；10月果熟。

武汉植物园 11月叶芽开始膨大，翌年3月上旬萌芽，3月中旬开始展叶并迅速进入展叶盛期、末期；3月上旬现蕾，4月中旬始花，4月中旬至下旬盛花，4月下旬末花；10月中旬果熟。

南京中山植物园 3月中旬叶芽萌动，3月下旬开始展叶，4月上旬展叶盛期，4月中旬展叶末期；4月初现蕾，4月中旬始花，4月下旬盛花，5月上旬末花；9月中旬果熟。

迁地栽培要点

喜温暖湿润气候和深厚肥沃的酸性或中性砂壤土，稍耐盐碱，较耐水湿，不耐干旱瘠薄，较耐高温，同时也能忍受短时间-8℃的冻害，适合我国长江流域及以南地区栽培，但南亚热带及以南地区常长势不佳。主要靠播种繁殖。常见病害有黄化病、香樟溃疡病等，虫害有樟叶蜂、樟巢螟、台湾乳白蚁、茶蓑蛾、刺蛾、樗蚕蛾、樟蛱蝶等。

主要用途

本种为国家Ⅱ级重点保护植物。树体高大雄伟，树姿婆娑美丽，浓荫遍地，春季满树繁花，适于作庭荫树、行道树，也可用于营造风景林和防护林；木材及根、枝、叶可提取樟脑和樟油供医药及香料工业用；果核含脂肪，供工业用；根、果、枝和叶入药，有祛风散寒、强心镇痉和杀虫等功能；木材又为造船、橱箱和建筑等用材。

树皮
花枝
叶背
叶面

植株
花序
果
果枝
幼果

22
肉桂

Cinnamomum cassia (Linnaeus) D. Don, Prodr. Fl. Nepal. 67. 1825.

自然分布

原产我国，现广东、广西、福建、台湾、云南等地的热带及亚热带地区广为栽培，其中尤以广西栽培为多。印度、老挝、越南至印度尼西亚等地也有，但大都为人工栽培。

迁地栽培形态特征

中等乔木，株高5m。

茎 树皮灰褐色，老树皮厚达13mm。一年生枝条圆柱形，黑褐色，有纵向细条纹，略被短柔毛，当年生枝条多少四棱形，黄褐色，具纵向细条纹，密被灰黄色短茸毛。

叶 顶芽小，长约3mm，芽鳞宽卵形，先端渐尖，密被灰黄色短茸毛。叶互生或近对生，长椭圆形至近披针形，长20～30cm，宽6～9.5cm，先端稍急尖，基部急尖，革质，边缘软骨质，内卷，上面绿色，有光泽，无毛，下面淡绿色，晦暗，疏被黄色短茸毛；离基三出脉，侧脉近对生，自叶基5～10mm处生出，稍弯向上伸至叶端之下方渐消失，与中脉在上面明显凹陷，下面十分凸起，向叶缘一侧有多数支脉，支脉在叶缘之内拱形连接，横脉波状，近平行，相距3～4mm，上面不明显，下面凸起，其间由小脉连接，小脉在下面明显可见；叶柄粗壮，长1.2～2cm，腹面平坦或下部略具槽，被黄色短茸毛。

花 圆锥花序腋生或近顶生，长8～16cm，三级分枝，分枝末端为3花的聚伞花序，总梗长约为花序长的一半，与各级序轴被黄色茸毛。花白色，长约4.5mm；花梗长3～6mm，被黄褐色短茸毛。花被内外两面密被黄褐色短茸毛，花被筒倒锥形，长约2mm，花被裂片卵状长圆形，近等大，长约2.5mm，宽1.5mm，先端钝或近锐尖。能育雄蕊9，花丝被柔毛，第一、二轮雄蕊长约2.3mm，花丝扁平，长约1.4mm，上方1/3处变宽大，花药卵圆状长圆形，长约0.9mm，先端截平，药室4，室均内向，上2室小得多；第三轮雄蕊长约2.7mm，花丝扁平，长约1.9mm，上方1/3处有一对圆状肾形腺体，花药卵圆状长圆形，药室4，上2室较小，外侧向，下2室较大，外向。退化雄蕊3，位于最内轮，连柄长约2mm，柄纤细，扁平，长1.3mm，被柔毛，先端箭头状正三角形。子房卵球形，长约1.7mm，无毛，花柱纤细，与子房等长，柱头小，不明显。

果 果椭圆形，长约1cm，宽7～8mm，成熟时黑紫色，无毛。

引种信息

西双版纳热带植物园 1987年从云南富宁县引种苗（引种号00,1987,0014）。生长速度中等，长势一般。

峨眉山生物站 2005年3月24日自四川仁寿县黑龙潭引种苗（引种号05-0038-HLT）。生长速度中等，长势一般。

物候

西双版纳热带植物园 全年零星展叶；3月上旬始花，3月上中旬盛花，3月下旬末花；10月中旬至下旬果熟。

峨眉山生物站 3月下旬叶芽萌动，4月上旬开始展叶，4月中旬展叶盛期；7月上旬现蕾，7月中旬始花，8月上旬盛花；12月果熟。

迁地栽培要点

适应力强，既耐高温，同时也具有较强的抗寒性，稍耐干旱和水涝，适合在我国长江流域及以南地区栽培。播种繁殖。病虫害少见。

主要用途

树形优美，花序梗和果梗红色，可栽培供观赏；枝、叶、果实、花梗可提制桂油，桂油为合成桂酸等重要香料的原料，用作化妆品原料，亦供巧克力及香烟配料；药用作矫臭剂、驱风剂、刺激性芳香剂等，并有防腐作用。

植株 树皮 花枝 花枝 叶背 叶面 幼果 果序

23
狭叶桂

别名：狭叶阴香

Cinnamomum heyneanum Nees, Pl. Asiat. Rar. 2: 76. 1831.

树皮

植株

自然分布

产湖北西部、四川东部、贵州西南部、广西及云南东南部。生于河边山坡灌丛中，海拔120～450m。印度至印度尼西亚也有分布。

迁地栽培形态特征

常绿灌木或小乔木，高达8m。

茎 树皮灰色，光滑不裂；幼枝纤细，绿色，扁平，无毛；顶芽小，被微柔毛。

叶 叶近对生，少数互生，线状披针形，长4.5～12（15）cm，宽1～2（4）cm，先端短渐尖，基部楔形，革质，上面绿色，极具光泽，下面粉绿色，两面无毛；具离基三出脉，中脉及侧脉两面凸起，横脉及细脉两面均不明显；叶柄长0.5～1.2cm，无毛。

花 花各部分特征与阴香［*Cinnamomum burmannii*（Nees et T. Nees）Blume］近相同，但总梗常十分纤细；花梗有时长达10（12）mm。

果 果实椭圆形，长约8mm，宽5mm；果托先端碗状，顶端截平，宽3mm。

相似种区分

本种以前作为阴香的变种，后提升至种的地位，与后者区别在于叶线状披针形，宽仅1～2cm，花序总梗纤细。

引种信息

武汉植物园 引种信息不详。生长速度快，长势好。

物候

武汉植物园 2月下旬萌芽，3月上旬开始展叶，3月中旬进入展叶盛期，3月下旬展叶末期；2月下旬现蕾，4月上旬至中旬始花，4月中旬盛花，4月下旬末花；10月中旬果熟。

迁地栽培要点

耐高温，成年树也可耐-8℃低温，适合长江流域以南地区栽培。繁殖以播种为主。病虫害少见。

主要用途

用途同阴香。

叶背　花枝　花特写

叶面　花序　果

24
天竺桂

Cinnamomum japonicum Siebold, Verh. Batav. Genootsch. Kunsten & Weten sch. 12: 23. 1830.

果枝

自然分布

产江苏、浙江、安徽、江西、福建及台湾。生于低山或近海的常绿阔叶林中，海拔300~1000m，有时300m以下也有零星分布。朝鲜、日本也有分布。

迁地栽培形态特征

常绿乔木，高达15m，胸径达35cm。

茎 树皮灰黑色，不裂；小枝绿色，稍扁，无毛。

叶 叶近对生，卵状长椭圆形至长椭圆状披针形，长7~11cm，宽3~3.5（4.5）cm，先端渐尖，基部楔形至宽楔形，边缘常波状皱缩，厚革质，上面绿色，光亮，下面灰绿色，晦暗，两面无毛；离基三出脉，中脉直贯叶端，基生侧脉自叶基1~1.5cm处斜向生出，中脉及侧脉两面隆起，鲜时两面细脉均不明显，干后在上面密集而呈明显的网结状但在下面呈细小的网孔；叶柄粗壮，腹面有凹槽，黄绿色，无毛。

花 圆锥花序腋生，长3～4.5（10）cm，总梗长1.5～3cm，与长5～7mm的花梗均无毛，末端为3～5花的聚伞花序。花长约4.5mm。花被筒倒锥形，短小，长1.5mm，花被裂片6，卵圆形，长约3mm，宽约2mm，先端锐尖，外面无毛，内面被柔毛。能育雄蕊9，内藏，花药长约1mm，卵圆状椭圆形，先端钝，4室；第一、二轮花药药室内向，第三轮花药药室外向；花丝长约2mm，被柔毛，第一、二轮花丝无腺体，第三轮花丝近中部有一对圆状肾形腺体。退化雄蕊3，位于最内轮。子房卵珠形，长约1mm，略被微柔毛，花柱稍长于子房，柱头盘状。

果 果长圆形，长7mm，宽达5mm，无毛；果托浅杯状，顶部极开张，宽达5mm，边缘几全缘或具浅圆齿，基部骤然收缩成细长的果梗。

引种信息

峨眉山生物站 2006年3月8日从四川峨眉山引种苗。生长速度较快，长势良好。

杭州植物园 引种信息不详。生长速度中等，长势良好。

武汉植物园 引种信息不详。生长速度中等，长势一般。

上海辰山植物园 2006年11月9日从浙江舟山市普陀区桃花镇汪家塘采集种子（登记号20060893）；2006年12月1日从浙江舟山市普陀区桃花镇客浦村引种苗（登记号20060013）；2007年10月29日从浙江舟山市朱家尖岛采集种子（登记号20071606）；2008年2月13日从江西分宜县大岗山引种苗（登记号20080970）。生长速度较快，长势良好。

南京中山植物园 1980年从江苏吴县引种（引种号88I52-90）；1957年从杭州植物园引种（引种号88I5401-20、II96-29）。生长速度中等，长势良好。

物候

峨眉山生物站 3月上旬叶芽萌动，3月中旬开始展叶，3月下旬展叶盛期；4月上旬现蕾，4月下旬始花，5月上旬盛花；9月果熟。

杭州植物园 2月至3月上旬叶芽开始膨大，3月中旬至下旬萌芽，3月下旬开始展叶，4月上旬展叶盛期，4月上旬至中旬展叶末期；4月上旬现蕾，4月中旬始花，4月下旬盛花、末花；10月果熟。

武汉植物园 3月上旬萌芽，3月下旬至4月上旬开始展叶，4月上旬进入展叶盛期，4月中旬展叶末期；3月上旬现蕾，4月下旬始花，5月上旬盛花，5月中旬末花；11月上旬至中旬果熟。

上海辰山植物园 4月下旬始花，5月中旬盛花；10月果熟。

南京中山植物园 4月上旬萌芽并开始展叶，4月中旬展叶盛期，4月下旬展叶末期；4月上旬现蕾，4月中旬始花，4月下旬盛花，5月上旬末花；10月中旬果熟。

迁地栽培要点

喜温暖湿润气候和排水良好的酸性及中性土，忌积水，耐高温，同时也有很强的耐寒性，-8℃时未见冻害，适合我国长江流域以南地区栽培。繁殖以播种为主，也可扦插。病害有天竺桂粉实病、天竺桂叶斑病、茎腐病，常见蛀梢象鼻虫危害。

主要用途

本种为国家Ⅱ级重点保护植物。树姿优美，四季常绿，是优良的园林造景树种，可供行道树和园景树之用；枝叶及树皮可提取芳香油，供制各种香精及香料的原料；果核含脂肪，供制肥皂及润滑油；木材坚硬而耐久，耐水湿，可供建筑、造船、桥梁、车辆及家具等用。

树皮
叶背
叶面
植株
花特写
花序（侧面）
花序（正面）
幼果枝

25
兰屿肉桂

Cinnamomum kotoense Kanehira et Sasaki, Trans. Nat. Hist. Soc. Formosa. 20: 380. 1930.

植株

自然分布

产我国台湾南部（兰屿）。生于林中。

迁地栽培形态特征

常绿小乔木，高达5m。

茎 树皮浅黄色，具皮孔，不裂；小枝绿色，圆柱形，无毛。

叶 叶对生或近对生，卵圆形至长圆状卵圆形，长8～14cm，宽4～8cm，先端尖，基部圆形，厚革质，上面绿色，极具光泽，下面灰绿色，晦暗，两面无毛；具离基三出脉，侧脉自叶基约1cm处生出，伸至叶片3/4处渐消失，细脉两面可见，呈浅蜂巢状网结；叶柄长约1.5cm，腹凹背凸，无毛。

花 圆锥花序成对着生于上部叶腋，长达15cm，花序中部以上分枝，花梗及分枝被微柔毛；花被裂片6，外面被柔毛。能育雄蕊9，3轮，花药4室，第一、二轮花药药室内向，第三轮花药药室侧向，近基部有一对圆状肾形腺体。

果 果未见。

引种信息

西双版纳热带植物园 引种信息不详。生长速度中等，长势好。

武汉植物园 2003年从云南西双版纳傣族自治州西双版纳自然保护区引种苗（引种号20033258）；2005年从云南河口县引种苗（引种号20058659）。生长缓慢，长势一般（盆栽，冬季需进温室）。

北京植物所 2002年从台湾引种苗（引种号2002-511）。生长缓慢，长势良好（温室栽培）。

物候

西双版纳热带植物园 全年零星展叶；花果未见。

武汉植物园 整个夏秋季零星展叶，7月中旬至下旬稍集中；花果未见。

北京植物所 常年零星展叶；4月上旬始花，4月中旬盛花、末花；果未见。

迁地栽培要点

喜暖热湿润，阳光充足的环境，不耐干旱和水涝，忌低温，冬季需移植室内过冬，适合我国南方地区栽培，但冬季要采取防冻措施。播种和扦插繁殖。主要病害有炭疽病、褐斑病、褐根病等，虫害常见有卷叶虫、蚜虫等。

主要用途

常用作盆栽观赏。

树皮 花枝 叶面 花特写 花序 花序

26
油樟

Cinnamomum longepaniculatum (Gamble) N. Chao ex H. W. Li, Acta Phytotax. Sin. 13(4): 48. 1975.

植株

自然分布

产四川。生于常绿阔叶林中，海拔600～2000m。

迁地栽培形态特征

常绿乔木，高达20m。

茎 树皮灰色，光滑。枝条圆柱形，绿色，无毛，幼枝纤细，多少压扁而具棱，常被密集红色斑点。芽大，卵珠形，长达8mm。

叶 叶互生，卵形、椭圆形或倒卵形，长6～13cm，宽3.5～6.5cm，新叶常更大，先端骤尖至骤长渐尖，基部楔形至近圆形，边缘内卷，薄革质，上面深绿色，有光泽，下面灰绿色，晦暗，两面无毛；羽状脉，侧脉每边4～5条，中脉与侧脉两面凸起，侧脉向叶缘处消失，脉腋在上面有时呈泡状隆起，下面有小腺窝，横脉鲜时两面不明显，网结极为细密，两面在放大镜下呈小浅窝穴；叶柄长2～3.5cm，腹凹背凸，腹面常稍带水红色，无毛。

花 圆锥花序腋生，纤细，长9～20cm，具分枝，分枝细弱，叉开，长达5cm，末端二歧状，每歧为3~7花的聚伞花序，序轴无毛，总梗细长，长3~10cm。花淡黄色，有香气，长2.5mm，开展时直径达4mm；花梗纤细，长2~3mm，无毛。花被筒倒锥形，长约1mm，花被裂片6，卵圆形，长约1.5mm，近等大，先端锐尖，外面无毛，内面密被白色丝状柔毛，具腺点。能育雄蕊9，花丝被白柔毛，第一、二轮雄蕊长约1.5mm，花丝无腺体，花药卵圆状长圆形，药室4，内向；第三轮雄蕊长1.8mm，花药长圆形，稍短于花丝，药室4，外向，花丝基部有一对具短柄的圆状肾形腺体。退化雄蕊3，位于最内轮，长约1mm，被白柔毛。子房卵珠形，长约1mm，无毛，花柱纤细，长1.5mm，柱头不明显。

果 果球形，熟时黑色，直径约8mm；果托狭漏斗状，长达1cm，宽达4mm。

引种信息

武汉植物园 2004年从四川都江堰市引种苗（引种号20042557）；生长速度中等，长势好。

物候

武汉植物园 3月下旬开始展叶并进入展叶盛期，4月上旬展叶末期；4月中旬始花、盛花，4月下旬末花；7月上旬果熟。

迁地栽培要点

能耐一定程度的高温和低温。适合我国亚热带地区栽培。繁殖以播种和扦插为主，也可埋根和压条。病虫害少见。

主要用途

本种为国家Ⅱ级重点保护植物。树干及枝叶均含芳香油，果核也可榨油；也可作绿化和观赏树种。

27
少花桂

Cinnamomum pauciflorum Nees, Wallich, Pl. Asiat. Rar. 2: 75. 1831.

植株

叶面

自然分布

产湖南西部、湖北、四川东部、云南东北部、贵州、广西及广东北部。印度有分布。生于石灰岩或砂岩上的山地或山谷疏林或密林中，海拔400～1800（2200）m。

迁地栽培形态特征

小乔木，高3m。

茎 树皮黄褐色，具白色皮孔，有香气。芽卵珠形，小，长约2mm，芽鳞坚硬，外面略被微柔毛。枝条近圆柱形，具纵向细条纹，无毛，幼枝多少呈四棱形，近无毛或略被极细微柔毛。

叶 叶互生，卵圆形或卵圆状披针形，长6～15cm，宽（1.2）2.5～5cm，先端短渐尖，基部楔形，边缘内卷，厚革质，上面绿色，多少光亮，无毛，下面粉绿色，晦暗，幼时被疏或密的灰白短丝毛，老时毛被渐脱落至无毛；三出脉或离基三出脉，中脉及侧脉两面凸起，侧脉对生，自叶基0～10mm处生出，向上弧升，近叶端处消失，其上尚有少数斜向而在叶缘之内网结的支脉，横脉两面多少明显，细脉在放大镜下多少网结状；叶柄长达1cm，腹凹背凸，近无毛。

花 圆锥花序腋生，长2.5～5（6.5）cm，通常短于叶很多，3～5（7）花，常呈伞房状，总梗长1.5～4cm；向上伸长，两侧压扁，与序轴疏被灰白微柔毛。花黄白色，长4～5mm；花梗长5～7mm，被灰白微柔毛。花被两面被灰白短丝毛，花被筒倒锥形，长约1mm，花被裂片6,长圆形，近等大，长3～4mm，先端锐尖。能育雄蕊9，花丝略被柔毛，第一、二轮雄蕊长约2.5mm，花药卵圆状长圆形，与花丝近相等，药室4，内向，花丝无腺体；第三轮雄蕊长约2.8mm，花药长圆形，长约为花丝之半，药室4，外向，花丝扁平，上部稍上方有一对具短柄的圆状肾形腺体。退化雄蕊3，位于最内轮，长1.7mm，先端心形，具长柄。子房卵球形，长约1mm，花柱弯曲，长约2mm，柱头盘状。

果 果椭圆形，长11mm，直径5~5.5mm，顶端钝，成熟时紫黑色；果托浅杯状，长约3mm，宽达4mm，边缘具整齐的截状圆齿；果梗长达9mm，先端略增宽。

引种信息

西双版纳热带植物园 1990年从四川引种子（引种号00,1990,0375）。生长速度中等，长势一般。

峨眉山生物站 2016年9月13日自贵州贵阳市引种苗（引种号16-1848-GZ）。生长速度中等，长势良好。

物候

西双版纳热带植物园 全年零星展叶；4~9月花期；9~10月果熟。

峨眉山生物站 3月下旬叶芽萌动，4月上旬开始展叶，4月中旬展叶盛期；花果未见。

迁地栽培要点

适应力强，既耐高温，同时也具有较强的抗寒性，稍耐干旱和水涝，适合在我国长江流域及以南地区栽培。播种繁殖。病虫害少见。

主要用途

树形优美，花序梗和果梗红色，可栽培供观赏。

花序　果　树皮

28
银木

Cinnamomum septentrionale Handel-Mazzetti, Oesterr. Bot. Zeit. 85(3): 213. 1936.

植株

自然分布

产四川西部、陕西南部及甘肃南部。生于山谷或山坡上，海拔600～1000m。

迁地栽培形态特征

常绿乔木，高达25m，胸径可达1.5m。

茎 树皮黄褐色，纵裂。小枝绿色，具棱，初被白色绢毛，旋即脱落无毛，顶芽被白色或黄色绢毛。

叶 叶互生，椭圆形或倒卵状椭圆形，长10～15cm，宽5～7cm，先端短渐尖，基部楔形至阔楔形，近革质，上面无毛，下面多少被白色绢毛及密被白粉，脉上毛被尤其明显；羽状脉，侧脉每边约4条，弧曲上升，在叶缘之内消失，中脉在叶上面平，下面凸起，侧脉脉腋在上面微凸起下面呈浅窝穴状，横脉两面稍明显；叶柄长2～3cm，初时被白色绢毛，后变无毛。

花 圆锥花序腋生，长达15cm，多花密集，具分枝，分枝细弱，叉开，末端为3～7花的聚伞花序，总轴细长，长达6cm，与序轴被绢毛。花开放时长约2.5mm；花梗长1～2mm，被绢毛。花被筒倒锥形，外面密被白色绢毛，长约1mm，花被裂片6，近等大，宽卵圆形，长约1.5mm，宽约1.2mm，先端锐尖，外面疏被内面密被白色绢毛，具腺点。能育雄蕊9，花丝被柔毛，第一、二轮雄蕊长1.2mm，花药宽卵圆形，药室内向，花丝与花药近等长，无腺体；第三轮雄蕊长约1.5mm，花药卵圆状长圆形，药室外向，花丝基部有一对肾形腺体。退化雄蕊3，位于最内轮，长三角状钻形，具短柄，被柔毛。子房卵珠形，长0.5mm，花柱伸长，长1.1cm，柱头盘状，明显。

果 果球形，直径不及1cm，无毛，果托长5mm，先端增大成盘状，宽达4mm。

引种信息

杭州植物园 引种信息不详。生长速度中等，长势良好。

武汉植物园 2003年从湖南森林植物园引种苗（引种号20032562）。生长速度快，长势良好。

物候

杭州植物园 2月至3月上旬叶芽开始膨大，3月中旬至下旬萌芽，3月下旬开始展叶，3月下旬至4月上旬展叶盛期，4月上旬展叶末期；4月下旬始花并迅速进入盛花期、末花期；10月果熟。

武汉植物园 12月中旬萌芽并开始展叶，12月下旬进入展叶盛期，次年1月上旬展叶末期；12月中旬现蕾，次年4月下旬始花、盛花，5月上旬至中旬末花；果实通常未熟先落，至11月上旬落完。

迁地栽培要点

耐高温及一定程度的干旱，同时抗寒性也极强，适合我国暖温带至亚热带地区栽培。繁殖以播种为主。病虫害较少。

主要用途

树姿雄伟，四季常青，宜作为行道树和庭荫树；根含樟脑量较高可蒸馏樟脑；根材美丽，称银木，用作美术品；木材黄褐色，纹理直结构细，可制樟木箱及作建筑用材；叶可作纸浆黏合剂。

叶面 叶背 花序 花

树皮
枝叶
花枝
果枝
果枝
果序
果序
幼果

29
锡兰肉桂

Cinnamomum verum J. Presl, Prir. Rostlin. 2(2): 36. 1825.

植株

自然分布

原产斯里兰卡，我国广东及台湾有栽培。热带亚洲各地多有栽培。

迁地栽培形态特征

常绿小乔木，高达10m；树皮黑褐色，内皮有强烈的桂醛芳香气。芽被绢状微柔毛。

茎 树皮棕黄色，粗糙但不开裂；幼枝略为四棱形，灰色而具白斑。

叶 叶通常对生，卵圆形或卵状披针形，长11～16cm，宽4.5～5.5cm，先端渐尖，基部锐尖，革质或近革质，上面绿色，光亮，下面淡绿白色，两面无毛；具离基三出脉，中脉及侧脉两面凸起，细脉和小脉网状，脉网在下面明显呈蜂巢状小窝穴；叶柄长2cm，无毛。

花 圆锥花序腋生及顶生，长10～12cm，具梗，总梗及各级序轴被绢状微柔毛。花黄色，长约6mm。花被筒倒锥形，花被裂片6，长圆形，近相等，外面被灰色微柔毛。能育雄蕊9，花丝近基部有毛，第一、二轮雄蕊花丝无腺体，第三轮雄蕊花丝有一对腺体，花药4室；第一、二轮雄蕊花药药室内向，第三轮雄蕊花药药室外向。子房卵珠形，无毛，花柱短，柱头盘状。

果 果卵球形，长10～15mm，熟时黑色；果托杯状，增大，具齿裂，齿先端截形或锐尖。

引种信息

西双版纳热带植物园 1972年从华南植物园引种子（引种号00,1972,0002）。生长速度快，长势好。

物候

西双版纳热带植物园 全年零星展叶；3月上旬始花、盛花，3月下旬末花；6月中旬果熟。

迁地栽培要点

喜温暖湿润生长环境，忌低温，适合我国南亚热带及热带地区栽培。播种繁殖。病虫害少见。

主要用途

树皮及枝、叶均含芳香油。树皮气味良佳，用作香味料，入药有祛风健胃等功效。

30
川桂

Cinnamomum wilsonii Gamble, Sargent, Pl. Wilson. 2: 66. 1914.

自然分布

产陕西、四川、湖北、湖南、广西、广东及江西。生于山谷或山坡阳处或沟边，疏林或密林中，海拔2400m以下。

迁地栽培形态特征

常绿乔木，高达25m，胸径可达35cm。

茎 树皮灰黑色，光滑不裂。幼枝绿色，稍扁而具棱，几无毛，顶芽多少被有黄褐色短柔毛。

叶 叶近对生，少数互生，多为长椭圆形，长8～18cm，宽2.8～5cm，先端渐尖至长渐尖，基部楔形至近圆形，稍下延，革质，上面绿色，有光泽，无毛，下面灰白色，幼时密被白色短丝毛，后变无毛而密被白粉；离基三出脉或三出脉，两面凸起，横脉向叶尖弧曲，多数而纤细，两面稍明显；叶柄长10～15mm，腹面略具槽，无毛。

花 常在一年生枝基部形成多数3～5花的聚伞花序，花序总梗长1.5～6cm，与序轴均无毛或疏被短柔毛。花白色或淡黄色，长约6.5mm；花梗长6～20mm，被微柔毛。花被内外两面被丝状微柔毛，花被筒倒锥形，长约1.5mm，花被裂片卵圆形，先端锐尖，近等大，长4～5mm，宽约1mm。能育雄蕊9，花丝被柔毛，第一、二轮雄蕊长3mm，花丝稍长于花药，花药卵圆状长圆形，先端钝，药室4，内向；第三轮雄蕊长约3.5mm，花丝长约为花药的1.5倍，中部有一对肾形无柄的腺体，花药长圆形，药室4，外向。退化雄蕊3，位于最内轮，卵圆状心形，先端锐尖，长2.8mm，具柄。子房卵球形，长近1mm，花柱增粗，长3mm，柱头宽大，头状。

果 果长椭圆形，长约1.5cm，紫黑色；果梗先端明显膨大；果托顶端截平，边缘具极短裂片。

引种信息

峨眉山生物站 2008年3月8日自重庆南川区三泉镇引种苗（引种号08-0451-JFS）。生长速度快，长势良好。

杭州植物园 2011年从中南林业科技大学引种苗（引种号11C22002-080）。生长速度中等，长势良好。

武汉植物园 2003年从湖北利川市沙溪镇石门村五组甲壳山引种苗（引种号20032234）。生长速度快，长势良好。

物候

峨眉山生物站 3月上旬萌芽，3月中旬开始展叶，4月中旬展叶盛期；花果未见。

杭州植物园 3月下旬叶芽开始膨大，4月上旬萌芽并开始展叶，4月中旬展叶盛期，4月中旬至下旬展叶末期；花果未见。

武汉植物园 3月上旬萌芽，3月中旬开始展叶并进入展叶盛期，3月下旬展叶末期；3月上旬现蕾，

4月上旬至中旬始花，4月中旬盛花，4月中旬至下旬末花；10月下旬果熟。

迁地栽培要点

成年树较耐高温，在短暂-8℃的低温时未见冻害，不耐干旱，适合长江流域及以南地区栽培。播种繁殖。病虫害少见。

主要用途

树形通直，枝繁叶茂，适合做行道树或绿化树种；枝叶和果均含芳香油，油供作食品或皂用香精的调和原料；川桂树皮入药，有补肾和散寒祛风的功效，治风湿筋骨痛、跌打及腹痛吐泻等症。

厚壳桂属

Cryptocarya R. Brown, Prodr. F1. Nov Holl 402. 1810.

常绿乔木或灌木；叶互生，稀近对生，通常具羽状脉，稀具离基三出脉；花两性，小，组成腋生或近顶生、通常短的圆锥花序；花被筒陀螺形或卵形，宿存，花后顶端收缩，花被裂片6，近相等，早落；能育雄蕊9、6或3，着生于花被筒喉部，花药2室，第一、二轮的内向，花丝基部无腺体；第三轮的外向，花丝基部有2个腺体。退化雄蕊3，位于最内轮，具短柄；子房无柄，为花被筒所包藏，花柱近线形，柱头小，不明显，稀盾状；果为核果状，球形，椭圆形或长圆形，全部包藏于肉质或硬化、增大的花被筒内，顶端有一小开口，外面光滑或有多数纵棱。

约200－250种，分布于热带亚热带地区，但未见于中非，分布中心在马来西亚、远达澳大利亚及智利，我国有21种（其中15种为特有种），产南部各地。

厚壳桂属分种检索表

1a. 果十分平滑，全然无纵棱 …………………… 31. **短序厚壳桂 *C. brachythyrsa***

1b. 果不平滑，具明显或不明显的纵棱。

 2a. 果球形、近球形或扁球形 …………………… 33. **广东厚壳桂 *C. kwangtungensis***

 2b. 果长椭圆形、椭圆形或卵球形。

  3a. 圆锥花序变异很大，有时少花，短于叶很多，长仅2～4cm，有时多花密集，长近叶片之半或以上，长5.5～12cm，后者常多分枝，分枝纤细，长达4cm…… 34. **云南厚壳桂 *C. yunnanensis***

  3b. 圆锥花序变异不大，比较一致，长均在10cm以下 …………………… 32. **硬壳桂 *C. chingii***

31
短序厚壳桂

Cryptocarya brachythyrsa H. W. Li, Acta Phytotax. Sin. 17(2): 68. 1979.

自然分布

产云南南部、广西西部。生于山谷常绿阔叶林中，海拔1000～1780m。

迁地栽培形态特征

乔木，高达30m，胸径40cm。

茎 树皮黄褐色，块状剥落；枝条粗壮，圆柱形，多少具棱角，有纵向细条纹，红褐色，密布皮孔，无毛，幼枝略扁，密被黄褐色微柔毛。

叶 叶长圆形或长圆状椭圆形，长8～26cm，宽2.5～7.5cm，先端钝、急尖或有时具缺刻，基部楔形至宽楔形，两侧常不相等，薄革质，上面黄绿色，光亮，下面紫绿带白色，上面初时仅沿中脉被微柔毛后全面变无毛，下面初时疏被短柔毛后变无毛；中脉及侧脉在上面凹陷下面凸起，侧脉每边6–9条，斜升，在叶缘之内消失，横脉两面多少明显，细脉网状；叶柄长1～1.5cm，腹凹背凸，密被黄褐色微柔毛。

花 圆锥花序腋生，短小，长2～2.5（4）cm，少花，少分枝，最下部分枝长0.8～1.5cm，密被黄褐色微柔毛；总梗长1～1.5cm；苞片及小苞片卵圆状钻形，细小。花淡绿色，长约4mm；花梗长1～2mm，密被黄褐色微柔毛。花被外被黄褐色微柔毛，花被筒陀螺状，长2mm，花被裂片倒卵圆形，先端急尖，长2mm。能育雄蕊9，第一、二轮雄蕊长1.5mm，花药近心形，药室内向，花丝与花药近等长；第三轮雄蕊长1.4mm，花药卵圆形，药室外向，花丝基部有一对具柄的肾形腺体。退化雄蕊位于最内轮，箭头状长三角形，长约1mm，具柄。子房棍棒状，长约2.5mm，花柱纤细，长1mm，柱头头状。

果 果卵球形，长1.5～1.8cm，直径1.1～1.3cm，光亮，无毛，纵棱不明显。（野外果）

引种信息

西双版纳热带植物园 2002年从广西那坡县弄陇村引种苗（引种号00,2002,3099）。生长速度慢，长势一般。

物候

西双版纳热带植物园 全年零星展叶；4月中旬始花，4月下旬盛花、末花；果未见。

迁地栽培要点

喜温暖湿润的生长环境，忌低温及干旱，适合在我国热带地区栽培。播种繁殖。病虫害少见。

主要用途

木材可做家具。

叶背
叶面
果序（野外）
植株
树皮
花序

32
硬壳桂

Cryptocarya chingii W. C. Cheng, Contr. Biol. Lab. Sci. Soc. China, Bot. Ser. 10: 111. 1936.

自然分布

产广东、海南、广西、江西、福建及浙江等地。生于常绿阔叶林中，海拔300~750m（海南海拔1800~2400m）。越南北部也有。

迁地栽培形态特征

小乔木，高达12m，胸径20cm。

茎 老枝灰褐色，无毛，有稀疏长圆形的皮孔，具纵向条纹；幼枝密被灰黄色短柔毛。

叶 叶互生，长圆形，椭圆状长圆形，极少倒卵形，长6~13cm，宽2.5~5cm，先端骤然渐尖，间或钝头或微凹，基部楔形，上面橄榄绿色，晦暗或光亮，下面粉绿色，晦暗，两面有伏贴的灰黄色丝状短柔毛，但在下面叶脉上的毛稍长，中脉在上面凹陷，下面十分凸起，侧脉每边5~6条，在上面微凹陷，下面显著，稍弯曲，在叶缘之内消失，横脉及细脉上面不明显，下面多少明显，网状；叶柄长5~10mm，腹凹背凸，幼时密被灰黄色短柔毛。

花 圆锥花序腋生及顶生，长（3）3.5~6cm，多少松散，具长2~3cm的总梗，花序各部密被灰黄色丝状短柔毛。花被外面密被灰黄色丝状短柔毛，内面毛被较稀，花被筒陀螺状，长约1.5mm，花被裂片卵圆形，长约1.5mm，先端急尖。能育雄蕊9，长不及1.5mm，花丝被柔毛，花药与花丝近等长，2室；第一、二轮雄蕊花药药室内向，花丝无腺体；第三轮雄蕊花药药室外向，花丝基部有一对具柄的腺体。退化雄蕊位于最内轮，箭头状长三角形，具柄。子房棍棒状，连花柱长约1.5mm，花柱线形，柱头不明显。

果 果幼时椭圆形，淡绿色，成熟时椭圆球形，长约17mm，直径10mm，瘀红色，无毛，有纵棱12条。

引种信息

西双版纳热带植物园 2002年从海南海口市引种子（引种号00,2002,3073）。生长速度中等，长势好。

物候

西双版纳热带植物园 全年零星展叶；6月中旬至下旬始花，6月下旬盛花，7月中旬末花；翌年1~3月果熟。

迁地栽培要点

喜温暖环境，忌低温，适合我国南亚热带以南地区栽培。播种繁殖。病虫害少见。

主要用途

适于作梁、柱、桁、桷、门、窗、农具、一般家具及器具等用材。此外木材刨片浸水所溶出的黏液可作发胶等用，叶可提取樟油。

植株

树皮

叶背

叶面

花特写

果

33
广东厚壳桂

Cryptocarya kwangtungensis Hung T. Chang, Acta Sci. Nat. Univ. Sunyatseni. 1963(4): 132. 1963.

植株

自然分布

产广东北部。生于山谷密林中。

迁地栽培形态特征

小乔木，高2~6.5m，胸径5~13cm。

茎 树皮灰黑色，薄片状剥落；老枝秃净，嫩枝被褐色短柔毛。

叶 叶长椭圆形，长9~11.5cm，宽3~4cm，先端锐尖或略钝，基部阔楔形，稍不等侧，革质，上面绿色有光泽，下面嫩时被黄褐色短柔毛，旋变秃净，带灰白色；侧脉6~7对，在上面不大显著，在下面略凸起，网脉在上下两面均不明显；叶柄长6~10mm。

花 花序圆锥状或总状，顶生及腋生，长2~3cm，被黄褐色短柔毛。花细小，长约2mm，被短柔毛；花梗极短。花被裂片比花被筒略长；雄蕊内藏；子房被微毛。

果 果圆球形，纵棱不明显，初时有柔毛，旋变秃净。

引种信息

西双版纳热带植物园　引种信息不详。生长速度快，长势好。

物候

西双版纳热带植物园　全年零星展叶；4月上旬始花，4月上旬至中旬盛花，4月下旬末花；翌年3月上旬果熟。

迁地栽培要点

喜温暖的生长环境，不耐低温，适合我国南亚热带及以南地区栽培。播种繁殖。病虫害少见。

主要用途

木材可制作家具。

34
云南厚壳桂

Cryptocarya yunnanensis H. W. Li, Acta Phytotax. Sin. 17(2): 70. 1979.

植株

自然分布

产云南南部。生于山谷常绿阔叶林或次生疏林中，坡地或河边，海拔550～1100m。

迁地栽培形态特征

乔木，高达28m，胸径达70cm。

茎 树皮灰白色，光滑不裂。老枝近圆柱形，具细条纹，干时黄褐色，无毛；幼枝纤细，圆柱形，直径约3mm，具纵向细条纹，近枝梢处被极细的黄褐色微柔毛，下部渐变无毛。

叶 叶互生，通常长圆形，偶有卵圆形或卵圆状长圆形，长7～19cm，宽3.2～10cm，先端短渐尖，基部宽楔形至圆形，薄革质，上面干时褐绿色，下面色较淡，两面晦暗，无毛；羽状脉，中脉及侧脉在上面平坦，下面多少显著，侧脉每边5～7条，横脉及细脉网状，两面多少明显；叶柄长1.5～2.5cm，腹面略具槽，背面近圆形，无毛。

花 圆锥花序腋生及顶生，有时少花，短于叶很多，长仅2～4cm，有时多花密集，长近叶片之半或以上，长5.5～12cm，后者常多分枝，分枝纤细，长达4cm；总梗长1～5.5cm，与各级序轴被极细的微柔毛，常带红色。花淡绿白色，长约3mm；花梗长1～2mm，密被极细微柔毛。花被内外两面被微柔毛，花被筒陀螺形，长1.5mm，花被裂片长圆状卵形，长1.5mm。能育雄蕊9，长约1.5mm，花药2室，花丝被柔毛；第一、二轮雄蕊花药长圆形，略短于花丝，药室内向；第三轮雄蕊花药卵圆状长圆形，药室侧外向，花丝基部有一对具长柄的圆肾形腺体。退化雄蕊位于最内轮，箭头状长三角形，具短柄。子房棍棒形，连花柱长近3mm，柱头头状，不明显。

果 果卵球形，成熟时长16mm，直径12mm，先端近圆形，基部狭，幼时绿色，熟时黑紫色，无毛，有不明显的纵棱12条。

引种信息

西双版纳热带植物园 1997年从泰国引种子（引种号38,1997,0078）。生长速度快，长势好。

物候

西双版纳热带植物园 全年零星展叶；5月上旬始花，5月中旬盛花、末花；9月上旬果熟。

迁地栽培要点

喜温暖湿润的生长环境，忌低温，适合在我国热带地区栽培。播种繁殖。病虫害少见。

主要用途

木材可制作家具。

叶背　叶面　花特写　果序　树皮

土楠属

Endiandra R. Brown, Prodr. Nov. Holl. 402. 1810.

乔木。芽小，有鳞片。叶互生，羽状脉，细脉常呈蜂巢状小窝穴。圆锥花序腋生，生于新枝基部，具梗，多花，或几退化成一聚伞花序。花两性，细小。花被筒极短，近于无或为钟形；花被裂片6，近相等或外轮3枚稍大。能育雄蕊3，属于第三轮，花药稍增厚，无柄，在中部或在顶端下方有外向的2药室，第一、二轮的6个雄蕊不存在或不发育而退化成腺体，有时腺体连成肉质的环。退化雄蕊位于最内轮，不存在，或稀为3。子房无柄，花柱短，柱头小。果长圆形、圆柱形或卵珠形；果梗不或几不增大，花被全然脱落，或略为盘状，或近于宿存而不变形。

约30种，分布于印度，经我国南部及马来西亚至澳大利亚及太平洋岛屿。我国有3种，台湾、广东及海南、广西西南部（田阳）各产一种。

35
长果土楠

Endiandra dolichocarpa S. K. Lee et Y. T. Wei, Acta Phytotax. Sin. 17(2): 74. 1979.

植株

树皮

自然分布

产广西西南部（田阳）。生于林中，海拔约500m。

迁地栽培形态特征

乔木，高达10余米。

茎 树皮灰色。枝条圆柱形，但多少有棱角及条纹，褐色，无毛，具疣点，幼枝无毛或近无毛。

叶 叶互生，长圆形，长13~25cm，宽（4）5~7.5cm，先端骤然短渐尖，尖头钝，基部楔形或宽楔形稀近圆形，两侧常不对称，革质，两面无毛，有细而密的腺状斑点，上面绿色，光亮，下面浅绿色，晦暗；中脉两面凸起，侧脉每边6~8条，上面明显，下面明显凸起，细脉网状，两面呈蜂巢状小窝穴；叶柄粗壮，长达2cm，腹凹背凸，无毛。

花 圆锥花序着生于上部叶腋，长达9cm，无毛，花序下部开始分枝，花密集。花被裂片6，外轮3枚明显较内轮大。(野外花)

果 果干时圆柱形，较大且长，长达8cm，直径达2.3cm，黑褐色，无毛，两端钝；果序轴粗壮，直径达2.5mm，果梗顶端粗达5mm，无毛。

引种信息

西双版纳热带植物园 引种信息不详。生长速度中等，长势良好。

物候

西双版纳热带植物园 全年零星展叶；10月中旬果熟。

迁地栽培要点

喜温暖生长环境，忌低温，适合在我国南亚热带及以南地区栽培。播种繁殖。病虫害少见。

主要用途

木材可制作家具。

花特写（野外）

叶背

叶面

花枝（野外）

幼果

月桂属

Laurus Linnaeus, Sp. Pl. 1: 369. 1753.

常绿小乔木；叶互生，羽状脉；花雌雄异株或两性，组成具梗的伞形花序；伞形花序呈球形，具4枚总苞片，腋生，通常成对，偶有3个簇生或呈短总状花序式排列；花被筒短，花被裂片4，近等大；雄花有雄蕊8－14，通常12，排成3轮，第1轮无腺体，第2、3轮有1对无柄肾形腺体，花药2室，室内向；子房不育；雌花有退化雄蕊4，与花被裂片互生，花丝顶端有1对无柄的腺体，其间延伸有1舌状体；子房1室，花柱短，柱头稍增大，钝三棱形，胚珠1；果卵珠形，宿存花被筒不或稍增大，完整或撕裂。

2种，产大西洋的加那利群岛、马德拉群岛及地中海沿岸地区，其中月桂*L. nobilis* L. 原产地中海，我国广为引种栽培，作香料植物。

36
月桂

Laurus nobilis Linnaeus, Sp. Pl. 1: 369. 1753.

自然分布

原产地中海一带。

迁地栽培形态特征

常绿灌木或小乔木，高达10m。

茎 树皮灰黑色，密生皮孔；小枝绿色，有棱角，被微柔毛或近无毛。

叶 叶互生，长圆形或长圆状披针形，长5.5～12cm，宽2～3.2cm，先端急尖或渐尖，基部楔形，边缘细波状，硬革质，上面暗绿色，下面淡绿色，两面无毛；羽状脉，中脉及侧脉两面凸起，侧脉每边10～12条，末端近叶缘处弧形连结，细脉网结，鲜时两面平坦而不甚明显，干后呈蜂窠状；叶柄长0.7～1cm，鲜时常呈暗红色，略被微柔毛或近无毛，腹面具槽。

花 花为雌雄异株。伞形花序腋生，1～3个成簇状或短总状排列，开花前由4枚交互对生的总苞片所包裹，呈球形；总苞片近圆形，外面无毛，内面被绢毛，总梗长达7mm，略被微柔毛或近无毛。雄花：每一伞形花序有花5朵；花小，黄绿色，花梗长约2mm，被疏柔毛，花被筒短，外面密被疏柔毛，花被裂片4，宽倒卵圆形或近圆形，两面被贴生柔毛；能育雄蕊通常12，排成三轮，第一轮花丝无腺体，第二、三轮花丝中部有一对无柄的肾形腺体，花药椭圆形，2室，室内向；子房不育。雌花：通常有退化雄蕊4，与花被片互生，花丝顶端有成对无柄的腺体，其间延伸有一披针形舌状体；子房1室，花柱短，柱头稍增大，钝三棱形。

果 果未见。

引种信息

昆明植物园 1950年引种于云南昆明农科所。生长速度一般，长势较慢。

杭州植物园 引种信息不详。生长速度中等，长势较差。

武汉植物园 引种信息不详。生长速度中等，长势好。

南京中山植物园 1957年从葡萄牙波尔多大学植物园引种（引种号EI49-27）。生长速度中等，长势一般。

北京植物所 1973年引种，引种地不详（引种号1973-17）。生长速度慢，长势一般。

物候

昆明植物园 3月中旬叶芽开始膨大，4月上旬萌芽并开始展叶，4月中旬展叶盛期；3月初现蕾期，3月上旬开始开花，3月中旬盛花，3月末开花末期；果未见。

杭州植物园 3月下旬叶芽开始膨大，4月上旬萌芽并开始展叶，4月中旬展叶盛期，4月下旬展叶末期；花果未见。

武汉植物园 4月中旬萌芽，4月下旬开始展叶并进入展叶盛期，5月上旬展叶末期；3月上旬现蕾，

3月下旬至4月上旬始花，4月上旬盛花、末花；果未见。

南京中山植物园 4月上旬萌芽，4月中旬开始展叶，4月下旬展叶盛期，5月上旬展叶末期；3月上旬现蕾，3月下旬始花，4月上旬盛花，4月中旬末花；果未见。

北京植物所 温室栽培，常年零星展叶；花果未见。

迁地栽培要点

喜光，稍耐阴，喜温暖湿润气候和疏松肥沃土壤，在酸性、中性和微碱性土壤上均能生长良好，较耐寒，可耐短期-8℃低温，也耐干旱，适合长江流域以南地区栽培。扦插繁殖为主，也可播种、分株。常见红蜡蚧危害。

主要用途

叶和果含芳香油，可用于食品及皂用香精；叶片可做调味香料或作罐头矫味剂；种子油供工业用。

植株 叶背 叶面 树皮 花序 花枝 花枝

山胡椒属

Lindera Thunberg, Nov. Gen. Pl. 64. 1783.

落叶或常绿乔木或灌木；叶互生，全缘或3裂，羽状脉、三出脉或离基三出脉；花单性，雌雄异株；伞形花序在叶腋单生，或在腋芽两侧及短枝上簇生；总苞片4，交互对生；花被裂片6，有时7－9，近等大，通常花后脱落，少有宿存；雄花：能育雄蕊9，有时达12，通常排成3轮，最内一轮基部有2个具柄腺体，花药2室，室内向，退化雄蕊细小，退化雌蕊有或无；雌花：退化雄蕊9，有时达12－15，扁平状，有2扁平无梗肾形腺体在两侧；子房球形或椭圆形，花柱显著，柱头盾形；果为浆果状核果，球形或椭圆形，幼时绿色，成熟时红色或紫色，着生于盘状或浅杯状的果托（花被筒）上，有种子1粒。

约100种，分布于亚洲及北美由温带到热带的地区，我国有38种（其中23种为特有种），主产长江以南各地，其中三桠乌药（*L. obtusiloba* Bl.）分布最北，达辽宁南部的千山（北纬41°）。

山胡椒属分种检索表

1a. 叶具羽状脉。
2a. 伞形花序着生于顶芽或腋芽之下（即缩短枝）两侧各一，或为混合芽，花后此短枝发育成正常枝条。
3a. 花、果序明显具总梗；果托扩展成杯状或浅杯状，至少包被果实基部以上；能育雄蕊腺体成长柄漏斗形；常绿或落叶。
4a. 叶簇生于枝端；果实椭圆形，果托扩展成杯状或浅杯状。
5a. 叶为倒卵状披针形或椭圆形，革质或近革质；果托杯型；乔木……45. **黑壳楠*L. megaphylla***
5b. 叶条形；果托浅杯状；灌木……50. **四川山胡椒*L. setchuenensis***
4b. 叶疏生于枝条；果实圆球形，直径达1cm，果托扩展直径约7mm，仅包被果实基部……40. **江浙山胡椒*L. chienii***
3b. 花、果序无总梗或具短于花、果梗的总梗；果托不如上项扩展；能育雄蕊腺体为具柄及角突的宽肾形；落叶。
6a. 花、果序具短于花、果梗的总梗。
7a. 叶为倒披针形或倒卵形，秋后常变为红色；幼枝条灰白色或灰黄色，粗糙……42. **红果山胡椒*L. erythrocarpa***
7b. 叶为椭圆形或宽椭圆形；幼枝条光滑，绿色，后变棕黄色或青灰色。
8a. 幼枝条不见皮孔，绿色后变棕黄色；果实直径不及1cm，果梗无皮孔……48. **山橿*L. reflexa***
8b. 幼枝条皮孔明显，青灰色；果实直径达1cm以上，果梗有皮孔……46. **大果山胡椒*L. praecox***
6b. 花、果序不具总梗或具不超过3mm的极短总梗。
9a. 枝条灰白色；叶宽卵形至椭圆形，偶有狭长近披针形；芽鳞无脊…44. **山胡椒*L. glauca***
9b. 枝条黄绿色；叶椭圆状披针形；芽鳞具脊……38. **狭叶山胡椒*L. angustifolia***
2b. 花序在叶腋簇生状，即叶腋着生的短枝（通常仅长2～3mm）顶芽下着生多数伞形花序，不发育成正常枝条。
10a. 常绿性……41. **香叶树*L. communis***
10b. 落叶性……39. **北美山胡椒*L. benzoin***
1b. 叶具三出脉。
11a. 果圆球形，叶腋着生花序的短枝通常发育成正常枝条；落叶……49. **红脉钓樟*L. rubronervia***
11b. 果椭圆形；花序单生于当年生枝上部叶腋及下部苞片腋内，或为1至多个着生于大多不发育成正常枝条的短枝上；常绿。
12a. 幼枝、叶下面被或疏或密柔毛，不久脱落成无毛或几无毛。
13a. 叶脉在叶上面较下面更为凸出，至少两面相等，叶狭卵形至披针形；花丝、子房及花柱被毛或无毛……43. **香叶子*L. fragrans***
13b. 叶脉在叶下面较上面更为凸出；花丝、子房及花柱多少被毛……47. **川钓樟*L. pulcherrima* var. *hemsleyana***
12b. 幼枝、叶下面毛被密厚，在第二年枝、叶仍有较厚毛被，至少在枝桠处及叶下脉上被毛……37. **乌药*L. aggregata***

37
乌药

Lindera aggregata (Sims) Kostermans, Reinwardtia. 9(1): 98. 1974.

自然分布

产浙江、江西、福建、安徽、湖南、广东、广西、台湾等地。生于海拔200～1000m向阳坡地、山谷或疏林灌丛中。越南、菲律宾也有分布。

迁地栽培形态特征

常绿灌木，高达5m。

茎 树皮灰褐色，密生扁圆形皮孔；幼枝绿色，密被金黄色柔毛，后渐脱落至无毛。顶芽长椭圆形，密被棕色绢毛。

叶 叶互生，卵形，椭圆形至近圆形，通常长2.7～5cm，宽1.5～4cm，先端通常长渐尖或尾尖，基部圆形，革质，上面绿色，有光泽，下面苍白色，幼时密被棕褐色柔毛，后渐脱落；三出脉，第一对侧脉在近叶尖处消失，横脉在老叶下面明显，余皆不明显；叶柄长0.5～1cm，有褐色柔毛，后毛被渐脱落。

花 伞形花序腋生，无总梗，常6～8花序集生于1～2mm长的短枝上，每花序有一苞片，一般有花7朵；花被片6，近等长，外面被白色柔毛，内面无毛，黄色或黄绿色，偶有外乳白内紫红色；花梗长约0.4mm，被柔毛。雄花花被片长约4mm，宽约2mm；雄蕊长3～4mm，花丝被疏柔毛，第三轮的有2宽肾形具柄腺体，着生花丝基部，有时第二轮的也有腺体1～2枚；退化雌蕊坛状。雌花花被片长约2.5mm，宽约2mm，退化雄蕊长条片状，被疏柔毛，长约1.5mm，第三轮基部着生2具柄腺体；子房椭圆形，长约1.5mm，被褐色短柔毛，柱头头状。

果 果卵形或有时近圆形，长0.6～1cm，直径4～7mm，先变黑色最后呈红色。

引种信息

西双版纳热带植物园 2007年从云南普洱德安引种苗（引种号00,2007,0758）。

杭州植物园 引种信息不详。生长速度中等，长势好。

武汉植物园 引种信息不详。生长速度中等，长势好。

上海辰山植物园 2011年从安徽黄山市林科所引种苗（登记号20121423）。生长速度较慢，长势一般。

南京中山植物园 1979年从杭州植物园引种（引种号79I5401-53）。生长速度中等，长势好。

物候

西双版纳热带植物园 全年零星展叶；2月下旬始花，3月上旬至中旬盛花，3月中旬至下旬末花；7月中旬至8月上旬果熟。

杭州植物园 3月中旬萌芽，3月下旬开始展叶并进入展叶盛期，4月上旬展叶末期；3月上旬现蕾，3月下旬始花、盛花，4月上旬末花；10月果熟。

武汉植物园 2月下旬萌芽，3月中旬开始展叶并进入展叶盛期，3月下旬展叶末期；2月下旬现蕾，3月上旬始花、盛花，3月中旬末花；9月中旬至下旬果熟。

上海辰山植物园 3月下旬始花，4月上旬盛花；10月中旬果熟。

南京中山植物园 3月下旬萌芽并开始展叶，4月上旬展叶盛期，4月中旬展叶末期；3月中旬现蕾，3月下旬始花、盛花，4月上旬末花；9月中旬果熟。

迁地栽培要点

喜光，也颇耐阴，耐高温，耐旱，对土壤要求不严，荒坡瘠地均可生长，适合我国亚热带地区栽培。播种繁殖为主。病虫害少见。

主要用途

根药用，为散寒理气健胃药；果实、根、叶均可提芳香油制香皂；根、种子磨粉可杀虫。

植株 树皮 叶背

花序 花枝 花枝

果枝 果序 叶面

38
狭叶山胡椒

Lindera angustifolia W. C. Cheng, Contr. Biol. Lab. Sci. Soc. China, Bot. Ser. 18(3): 294. 1933.

自然分布

产山东、浙江、福建、安徽、江苏、江西、河南、陕西、湖北、广东、广西等地。生于山坡灌丛或疏林中。朝鲜也有分布。

迁地栽培形态特征

落叶灌木或小乔木，高达6m。

茎 树皮灰褐色，密生圆形凸起皮孔；幼枝黄绿色，无毛。冬芽卵形，紫褐色，外面芽鳞无毛，内面芽鳞背面被绢质柔毛。

叶 叶互生，椭圆状披针形，长6~14cm，宽1.5~3.5cm，先端渐尖，基部楔形，近革质，上面绿色无毛，下面苍白色，沿脉上被疏柔毛，羽状脉，侧脉每边8~10条。

花 伞形花序2~3个生于冬芽基部。雄花序有花3~4朵，花梗长3~5mm，花被片6，能育雄蕊9。雌花序有花2~7朵，花梗长3~6mm，花被片6，退化雄蕊9；子房卵形，无毛，花柱长1mm，柱头头状。

果 果球形，直径约8mm，成熟时黑色，果托直径约2mm；果梗长0.5~1.5cm。

引种信息

杭州植物园 引种信息不详。生长速度较快，长势好。

南京中山植物园 1954年从庐山植物园引种（引种号89I6301-24-003）。生长速度较快，长势良好。

物候

杭州植物园 2至3月中旬叶芽开始膨大，3月中旬萌芽，3月下旬展叶始期、盛期，4月上旬展叶末期；2月下旬现蕾并始花，3月上旬盛花、末花；10月果熟。

南京中山植物园 3月下旬叶芽萌动，4月上旬开始展叶并进入展叶盛期，4月中旬展叶末期；3月中旬现蕾，3月下旬始花，4月上旬盛花，4月上旬至中旬末花；9月中旬至下旬果熟。

迁地栽培要点

喜光，也耐阴，耐干旱瘠薄，对土壤适应性广，耐寒性极强，亦能耐高温，忌水涝，适合我国暖温带及亚热带地区栽培。播种繁殖。病虫害少见。

主要用途

叶可提取芳香油，种子油可制肥皂及润滑油。

植株
叶背
叶面
花枝
果枝
树皮
果

39
北美山胡椒（新拟）

Lindera benzoin (L.) Blume, Mus. Bot. 1: 324. 1851.

果　果枝

自然分布

原产北美洲。生溪水边、河岸、丘陵、沼泽边缘、石灰岩山地等，海拔0～1200m。

迁地栽培形态特征

落叶灌木，高达5m。

茎 树皮粗糙，具小而圆的皮孔。幼枝无毛或被稀疏毛。

叶 叶倒卵形，长6～15cm，宽2～6cm，先端短尖，基部宽楔形，有强烈的芳香味；膜质，边缘具纤毛；叶面除中脉外几无毛，背无毛到密被短柔毛；叶柄长1cm，无毛或被毛。

花 雌雄异株，花序簇生叶腋，先花后叶。花黄色，具甜蜜气味。

果 浆果状核果，熟时红色，椭圆形，长约1cm。

引种信息

北京植物所　引种信息不详。长势良好。

物候

北京植物所　4月下旬开始展叶并进入展叶盛期，5月上旬展叶末期；4月中旬始花、盛花，4月下旬末花；8月中旬至下旬果熟；10月中旬至下旬叶变色并落叶。

迁地栽培要点

较耐阴，但同时也能在全光照条件下生长，较耐寒，亦能耐高温，适合我国暖温带及亚热带地区栽培。种子繁殖。病虫害少见。

主要用途

嫩枝和树叶可制茶；药用可治疗多种疾病；花具甜蜜气味，秋天叶变黄色，果实红色，可供园林观赏。

植株　秋叶　花枝　叶背　叶面　花特写　花序

40
江浙山胡椒

Lindera chienii W. C. Cheng, Contr. Biol. Lab. Sci. Soc. China, Bot. Ser. 9: 193. 1934.

植株

自然分布

产江苏、浙江、安徽、河南等地。生于路旁、山坡或丛林中。

迁地栽培形态特征

落叶灌木或小乔木，高达5m。

茎 树皮灰黑色，密被横向开裂、凸起的皮孔；枝通常灰色，有时带棕褐色，密被白色柔毛，后渐脱落。顶芽长卵形，先端渐尖。

叶 叶互生，纸质，倒披针形至倒卵形，长6～10cm，宽2.5～4cm，先端短渐尖，基部楔形，上面深绿色；中脉上初时被疏柔毛，后脱落，下面淡绿色，脉上被白柔毛；羽状脉，侧脉5～7条，网脉极明显；叶柄长0.2～1cm，被白柔毛。

花 伞形花序通常着生于腋芽两侧；总梗长5～7mm，被白色微柔毛；总苞片4，内有花6～12朵；花梗短，密被白色柔毛；雄花花被片椭圆形，长3.5～4mm，宽1～1.5mm，外面被柔毛，内面无毛；第一、二轮花丝长约3mm，第三轮长约2.5mm，基部有2个具长柄的三角漏斗状腺体；退化雄蕊宽卵形，长约1mm，无毛。雌花花被片椭圆形或卵形，长1.5～1.8mm，宽0.5～1mm，外面被柔毛，内面无毛；

退化雄蕊条形，无毛，第一、二轮雄蕊长1.5mm，第三轮长1mm，中部着生2个三角形具柄腺体；子房卵球形，无毛，长1.5mm，花柱无毛，长1.5mm，柱头头状。

果 果近圆球形，直径10～11mm，熟时红色，果托直径约7mm；果梗长6～12mm。

引种信息

杭州植物园 引种信息不详。生长速度中等，长势好。

南京中山植物园 引种信息不详。生长速度中等，长势良好。

物候

杭州植物园 2月至3月中旬叶芽开始膨大，3月中旬萌芽，3月下旬展叶始期、盛期，4月上旬展叶末期；2月下旬现蕾并始花，3月上旬盛花、末花；10月果熟。

南京中山植物园 3月中旬叶芽萌动，3月下旬开始展叶并进入展叶盛期，4月上旬展叶末期；3月上旬盛花，3月中旬末花；果未见。

迁地栽培要点

喜半阴温润环境，耐干旱瘠薄，对土壤适应性广，较耐寒，亦能耐高温，忌水涝，适合我国暖温带及亚热带地区栽培。可播种繁殖。病虫害少见。

主要用途

种子可榨油供制皂和润滑油，叶与果可提取芳香油。

叶背 叶面 树皮 花序 花苞 果

41
香叶树

Lindera communis Hemsley, J. Linn. Soc., Bot. 26: 387. 1891.

植株

自然分布

产陕西、甘肃、湖南、湖北、江西、浙江、福建、台湾、广东、广西、云南、贵州、四川等地。常见于干燥砂质土壤，散生或混生于常绿阔叶林中。中南半岛也有分布。

迁地栽培形态特征

常绿灌木或小乔木，高达5m，胸径达25cm。

茎 树皮灰褐色，不裂，密被圆形纵裂皮孔。幼枝绿色，多少被黄白色短柔毛。顶芽卵形，长约5mm。

叶 叶互生，形状、大小及毛被变异大，通常长椭圆形、卵形或披针形，长（3）4~9（12.5），宽（1）1.5~3（4.5）cm，先端渐尖、急尖、骤尖或有时近尾尖，基部宽楔形或近圆形；薄革质至厚革质；上面绿色，无毛，有光泽，下面灰绿或浅黄色，初时多少被黄褐色柔毛，后渐脱落成疏柔毛或无毛；羽状脉，侧脉每边5~7条，弧曲，与中脉在上面平坦，下面凸起；叶柄长5~8mm，被黄褐色微柔毛或近无毛。

花 伞形花序具5~8朵花，单生或二个同生于叶腋，总梗极短；总苞片4，早落。雄花黄色，直径达4mm，花梗长2~2.5mm，略被金黄色微柔毛；花被片6，卵形，近等大，长约3mm，宽1.5mm，先端圆形，外面略被金黄色微柔毛或近无毛；雄蕊9，长2.5~3mm，花丝略被微柔毛或无毛，与花药等长，第三轮基部有2具角突宽肾形腺体；退化雌蕊的子房卵形，长约1mm，无毛，花柱、柱头不分，成一短凸尖。雌花黄色或黄白色，花梗长2~2.5mm；花被片6，卵形，长2mm，外面被微柔毛；退化雄蕊9，条形，长1.5mm，第三轮有2个腺体；子房椭圆形，长1.5mm，无毛，花柱长2mm，柱头盾形，具乳突。

果 果卵形，长约1cm，宽7~8mm，也有时略小而近球形，无毛，成熟时红色；果梗长4~7mm，被黄褐色微柔毛。

引种信息

西双版纳热带植物园 1990年从广西南宁市树木园引种子（引种号00,1990,0240）。生长速度中等，长势一般。

昆明植物园 1950年引种于云南昆明农科所。生长速度中等，适应性强，长势好。

桂林植物园 引种信息不详。生长速度中等，长势一般。

杭州植物园 引种信息不详。生长速度中等，长势良好。

武汉植物园 2004年从江西龙南县九连山引种苗（引种号20041843）；2005年从贵州省石阡县佛顶山镇引种苗（引种号20051752）。生长速度中等，长势良好。

上海辰山植物园 2006年11月18日从湖南桑植县引种苗（登记号20060130）；2007年11月16日从福建宁德市飞鸾镇南山村采集种子（登记号20072685）。生长速度一般，长势一般。

南京中山植物园 1983年从杭州植物园引种（引种号82I5401-61）。生长速度中等，长势良好。

物候

西双版纳热带植物园 全年零星展叶；2月下旬始花、盛花，3月上旬末花；10月上旬至中旬果熟。

昆明植物园 2月下旬叶芽开始膨大，3月上旬萌芽并开始展叶，3月中旬展叶盛期，3月下旬展叶末期；花未见；10月果实成熟。

桂林植物园 3月上旬开始展叶，3月上旬至中旬展叶盛期，3月中旬展叶末期；花果未见。

武汉植物园 2月上旬叶芽开始膨大，2月中旬萌芽，2月下旬开始展叶并进入展叶盛期、末期；3月中旬现蕾，3月下旬始花，3月下旬至4月上旬盛花，4月上旬末花；果未见。

上海辰山植物园 3月下旬始花，4月上旬盛花；10月中旬果熟。

南京中山植物园　3月中旬萌芽，3月下旬开始展叶，4月上旬展叶盛期，4月中旬展叶末期；花果未见。

迁地栽培要点

适应能力强，耐阴，稍耐干旱，能忍受40℃高温，也能短时间抵御-8℃严寒，喜温暖气候和湿润的酸性土，我国黄河以南地区均可栽培。播种繁殖为主。偶见根腐病、立枯病。

主要用途

树干通直，枝繁叶茂，可做景观绿化树种；种仁含油供制皂、润滑油、油墨及医用栓剂原料；也可供食用，作可可豆脂代用品；油粕可作肥料；果皮可提芳香油供香料；枝叶入药，民间用于治疗跌打损伤及牛马癣疥等。

树皮　果　花序

花枝
叶背
叶面
果枝

42
红果山胡椒

Lindera erythrocarpa Makino, Bot. Mag. Tokyo. 11: 219. 1897.

自然分布

产陕西、河南、山东、江苏、安徽、浙江、江西、湖北、湖南、福建、台湾、广东、广西、四川等地。生于海拔1000m以下山坡、山谷、溪边、林下等处。朝鲜、日本也有分布。

迁地栽培形态特征

落叶灌木或小乔木，高达5m。

茎 树皮灰褐色，幼枝条通常灰白或灰黄色，多皮孔，其木栓质突起致皮甚粗糙。冬芽角锥形，长约1cm。

叶 叶互生，通常为倒披针形，偶有倒卵形，先端渐尖，基部狭楔形，常下延，长（5）9~12（15）cm，宽（1.5）4~5（6）cm，纸质，上面绿色，有稀疏贴伏柔毛或无毛，下面带绿苍白色，被贴伏柔毛，在脉上较密；羽状脉，侧脉每边4~5条；叶柄长0.5~1cm。

花 伞形花序着生于腋芽两侧各一，总梗长约0.5cm；总苞片4，具缘毛，内有花15~17朵。雄花花被片6，黄绿色，近相等，椭圆形，先端圆，长约2mm，宽约1.5mm，外面被疏柔毛，内面无毛；雄蕊9，各轮近等长，长约1.8mm，花丝无毛，第三轮的近基部着生2个具短柄宽肾形腺体，退化雄蕊呈“凸”字形；花梗被疏柔毛，长约3.5mm。雌花较小，花被片6，内、外轮近相等，椭圆形，先端圆，长1.2mm，宽0.6mm，内、外轮外面被较密柔毛，内面被贴伏疏柔毛；退化雄蕊9，条形，近等长，长约0.8mm，第三轮的中下部外侧着生2个椭圆形无柄腺体；雌蕊长约1mm，子房狭椭圆形，花柱粗，与子房近等长，柱头盘状；花梗约1mm。

果 果球形，直径7~8mm，熟时红色；果梗长1.5~1.8cm，向先端渐增粗至果托，但果托并不明显扩大，直径3~4mm。

引种信息

杭州植物园 2011年从中南林业科技大学引进（引种号11C22002-091）。生长速度较快，长势好。

武汉植物园 引种信息不详。生长速度中等，长势差。

上海辰山植物园 2007年9月20日从浙江临安市部岭村东关钱江源引种苗（登记号20071264）；2011年3月31日从湖北种苗站引种苗（登记号20121066）。

南京中山植物园 1980年从安徽黄山引种（引种号88I53-56）。生长速度中等，长势良好。

物候

杭州植物园 3月下旬叶芽开始膨大并萌芽、开始展叶，4月上旬展叶盛期、末期；花果未见。

武汉植物园 3月中旬开始展叶，3月下旬进入展叶盛期、末期；花果未见；11月上旬落叶。

上海辰山植物园 3月上旬萌芽；3月中旬始花，4月上旬盛花；8月中旬果熟。

南京中山植物园 3月下旬萌芽，4月上旬开始展叶并进入展叶盛期，4月上旬至中旬展叶末期；3月上旬现蕾，3月上中旬始花，3月中旬盛花，3月下旬末花；10月中旬果熟。

迁地栽培要点

耐寒性强，稍耐高温，喜半阴环境，喜生于水边，忌强光和干旱，适合我国暖温带至亚热带地区栽培。播种繁殖为主。病虫害少见。

主要用途

果实和冬叶红色，异常美丽，可栽培做观赏树种。

43 香叶子

Lindera fragrans Oliver, Hooker's Icon. Pl. 18: t. 1788. 1888.

自然分布

产陕西、湖北、四川、贵州、广西等地。生于海拔700~2030m的沟边、山坡灌丛中。

迁地栽培形态特征

常绿灌木，高可达5m。

茎 树皮黄褐色，有扁平皮孔；幼枝青绿色，后变棕黄色，纤细，初被白色柔毛，后渐脱落至无毛。

叶 叶互生，叶形变异大，披针形至长狭卵形，先端渐尖，基部楔形或宽楔形；上面绿色，无毛，下面苍白色，被白粉，幼叶被白色微柔毛，成熟后脱落至无毛；三出脉，第一对侧脉紧沿叶缘上伸，纤细而不甚明显，横脉及细脉两面均不明显；叶柄长5~8mm，初被柔毛，后渐脱落。

花 伞形花序腋生；总苞片4，内有花2~4朵。雄花黄色，有香味；花被片6，近等长，外面密被黄褐色短柔毛；雄蕊9，花丝无毛，第三轮的基部有2个宽肾形几无柄的腺体；退化子房长椭圆形，柱头盘状。

果 果长卵形，长1cm，宽0.7cm，幼时青绿，成熟时紫黑色，果梗长0.5~0.7cm，有疏柔毛，果托膨大。

引种信息

峨眉山生物站 园区自然生长。生长速度快，长势良好。

武汉植物园 2009年从湖北兴山县南阳镇猴子仓组引种苗（引种号20090193）。生长速度中等，长势良好。

物候

峨眉山生物站 3月上旬萌芽，3月中旬开始展叶，3月下旬展叶盛期；4月上旬现蕾，4月下旬始花，5月上旬盛花；11月果熟。

武汉植物园 2月下旬萌芽，3月上旬开始展叶，3月下旬进入展叶盛期、末期；2月上旬现蕾，2月下旬始花、盛花，3月上旬末花；10月上旬果熟。

迁地栽培要点

适应性强，能耐一定程度高温和寒害，适合我国暖温带至亚热带地区栽培。播种繁殖为主。病虫害少见。

主要用途

树皮入药温经通脉，行气散结；枝叶入药顺气，治胃病、胃溃疡、消化不良；亦可做园林观赏植物。

植株
花苞枝
花枝（背面）
花枝（正面）
花序
树皮
果枝
果序
幼果
果

44
山胡椒

Lindera glauca (Siebold et Zuccarini) Blume, Mus. Bot. 1: 325. 1851.

植株

自然分布

产山东昆嵛山以南、河南嵩县以南、湖北十堰市以南以及甘肃、陕西、山西、江苏、安徽、浙江、江西、福建、台湾、广东、广西、湖南、四川等地。生于海拔900m左右以下山坡、林缘、路旁。印度、朝鲜、日本也有分布。

迁地栽培形态特征

落叶灌木或小乔木，高达8m。

茎 树皮灰白色，平滑；幼枝黄色，无棱角，多少被灰色柔毛；冬芽圆锥形，被棕色柔毛。

叶 叶互生，宽椭圆形、椭圆形、倒卵形到狭倒卵形，长4~9cm，宽2~4.2（6）cm，叶纸质，上面深绿色，初被短柔毛，后渐脱落至无毛而具光泽，下面淡绿色，被白色柔毛；羽状脉，侧脉每侧（4）5~6条，网脉背面稍明显；叶柄长0.3~0.8cm，被灰色柔毛；叶枯后不落，翌年新叶发出前落下，新叶通常与花同放。

花 伞形花序腋生，总梗短或不明显，长一般不超过3mm，生于混合芽中的总苞片绿色膜质，每总苞有3~8朵花。雄花花被片黄色，椭圆形，长约2.2mm，内、外轮几相等，外面在背脊部被柔毛；雄蕊9，近等长，花丝无毛，第三轮的基部着生2具角突宽肾形腺体，柄基部与花丝基部合生，有时第二轮雄蕊花丝也着生一较小腺体；退化雌蕊细小，椭圆形，长约1mm，上有一小突尖；花梗长约1.2cm，密被白色柔毛。雌花花被片黄色，椭圆或倒卵形，内、外轮几相等，长约2mm，外面在背脊部被稀疏柔毛或仅基部有少数柔毛；退化雄蕊长约1mm，条形，第三轮的基部着生2个长约0.5mm具柄不规则肾形腺体，腺体柄与退化雄蕊中部以下合生；子房椭圆形，长约1.5mm，花柱长约0.3mm，柱头盘状；花梗长3~6mm，黑褐色。

果 果圆球形，成熟时红色或黑色，果梗长1~1.5cm。

引种信息

杭州植物园 引种信息不详。生长速度较快，长势良好。

武汉植物园 2004年从湖北竹山县官渡镇羚羊村引种苗（引种号20042348）。生长速度快，长势良好。

上海辰山植物园 2010年12月22日从南京中山植物园引种苗（登记号为20120927）。生长速度较快，长势良好。

南京中山植物园 1954年从庐山植物园引种（引种号II1-16（0）-001）。生长速度快，长势良好。

北京植物所 1996年引种，引种地不详（引种号1976-2003）。长势良好。

物候

杭州植物园 2~3月中旬叶芽开始膨大，3月下旬萌芽并进入展叶始期、盛期，4月上旬展叶末期；3月中旬现蕾，3月下旬始花、盛花，4月上旬末花；10月果熟。

武汉植物园 3月中旬萌芽，3月中旬至下旬开始展叶，3月下旬展叶盛期、末期；3月下旬现蕾、始花、盛花、末花；9月上旬至下旬果熟；11月上旬叶变色，枯而不落直至翌年3月萌芽前。

上海辰山植物园 3月上旬现蕾，3月中旬始花，3月下旬盛花；10月果熟。

南京中山植物园 3月下旬萌芽，4月上旬开始展叶并进入展叶盛期，4月中旬展叶末期；3月下旬现蕾、始花，4月上旬盛花，4月上旬至中旬末花；8月中旬至下旬果熟。

北京植物所 4月上旬至下旬开始展叶，4月中旬至5月上旬展叶盛期、末期；4月上旬现蕾，4月上旬至中旬始花，4月中旬至下旬盛花，5月上旬末花；9月中旬果熟；10月上旬至中旬叶变色，枯而不落直至翌年展新叶前。

迁地栽培要点

喜光，耐干旱瘠薄，对土壤适应性广，耐寒性极强，亦能耐高温，忌水涝，适合我国暖温带及亚热带地区栽培。播种繁殖。病虫害少见。

主要用途

冬叶由黄变红，枯而不落，可做观赏树种；木材可做家具；叶、果皮可提芳香油；种仁油含月桂酸，油可作肥皂和润滑油；根、枝、叶、果药用，叶可温中散寒、破气化滞、祛风消肿，根治劳伤脱力、水湿浮肿、四肢酸麻、风湿性关节炎、跌打损伤，果治胃痛。

树皮
枝叶（秋季）
叶背
叶面
花枝
花序
果枝
果枝

45
黑壳楠

Lindera megaphylla Hemsley, J. Linn. Soc., Bot. 26: 389. 1891.

植株

植株（花期）

自然分布

产陕西、甘肃、四川、云南、贵州、湖北、湖南、安徽、江西、福建、广东、广西等地。生于山坡、谷地湿润常绿阔叶林或灌丛中，海拔1600～2000m处。

迁地栽培形态特征

常绿乔木，高达15m，胸径可达35cm以上。

茎 树皮灰黑色，不裂，粗糙，薄片状剥落；幼枝绿色，圆柱形，无毛，散布椭圆形纵裂皮孔；冬芽长达1.5cm，芽鳞外面被黄褐色微柔毛。

叶 叶互生，长椭圆形或倒卵状披针形，长10～23cm，先端急尖或渐尖，基部楔形，革质，上面深绿色，有光泽，下面苍白色，上面无毛，下面幼时被灰白色柔毛，老时无毛；羽状脉，侧脉每边15～21条；叶柄长1.5～3cm，幼时被柔毛，随后脱落无毛。

花 伞形花序多花，雄的多达16朵，雌的12朵，通常着生于叶腋长3.5mm具顶芽的短枝上，两侧各1，具总梗；雄花序总梗长1～1.5cm，雌花序总梗长6mm，两者均密被黄褐色或有时近锈色微柔毛，内面无毛。雄花黄绿色，具梗；花梗长约6mm，密被黄褐色柔毛；花被片6，椭圆形，外轮长4.5mm，宽2.8mm，外面仅下部或背部略被黄褐色小柔毛，内轮略短；花丝被疏柔毛，第三轮的基部有2个长达2mm具柄的三角漏斗形腺体；退化雌蕊长约2.5mm，无毛；子房卵形，花柱纤细，柱头不明显。雌花黄绿色，花梗长1.5～3mm，密被黄褐色柔毛；花被片6，线状匙形，长2.5mm，宽仅1mm，外面仅下部或略沿脊部被黄褐色柔毛，内面无毛；退化雄蕊9，线形或棍棒形，基部具髯毛，第三轮的中部有2个具柄三角漏斗形腺体；子房卵形，长1.5mm，无毛，花柱极纤细，长4.5mm，柱头盾形，具乳突。

果 果椭圆形至卵形，长约1.8cm，宽约1.3cm，成熟时紫黑色，无毛，果梗长1.5cm，向上渐粗壮，粗糙，散布有明显栓皮质皮孔；宿存果托杯状，长约8mm，直径达1.5cm，全缘，略呈微波状。

引种信息

昆明植物园 1975年和1981年引种于四川灌县（现都江堰市）。生长速度慢，长势不佳。

峨眉山生物站 1986年3月5日自峨眉山引种苗（引种号86-0284-01-EMS）。生长速度快，长势良好。

杭州植物园 引种信息不详。生长速度中等，长势良好。

武汉植物园 2003年从湖北长阳土家族自治县贺家坪镇青岗坪村引种苗（引种号20032370）；2004年从湖北利川市毛坝镇联合村大堰湾引种苗（引种号20040015）；2004年从湖北兴山县榛子乡幸福村引种苗（引种号20042245）。生长速度快，长势良好。

上海辰山植物园 2006年12月13日从福建福鼎市灵峰寺采集种子（登记号20060962）；2007年10月16日从陕西宁强县胡家坝采集种子（登记号20071449）；2008年12月11日从浙江开化县古田山引种苗（登记号20081924）。生长速度较快，长势良好。

南京中山植物园 1958年从安徽黄山引种（引种号88I52-106）；1980年从湖南桑植县林科所引种（引种号88I62-14）。生长速度中等，长势良好。

西安植物园 引种于秦岭南坡，时间不详。生长速度中等，长势良好，耐寒性较强，在西安栽培过程中历年均未发生冻害。

物候

昆明植物园 3月上旬叶芽开始膨大，3月中旬萌芽并开始展叶，3月下旬展叶盛期，4月下旬展叶末期；花果未见。

峨眉山生物站 3月上旬萌芽，3月下旬开始展叶，4月上旬展叶盛期；2月上旬现蕾，2月中旬始花，3月中旬至下旬盛花；10～11月果熟。

杭州植物园 3月叶芽开始膨大，4月上旬萌芽并开始展叶，4月中旬展叶盛期、末期；3月上旬现蕾，3月中旬始花、盛花，3月下旬末花；果未见。

武汉植物园 9月叶芽开始膨大，次年2月上旬萌芽，3月下旬至4月上旬开始展叶，4月上旬展叶盛期，4月中旬展叶末期；2月中旬现蕾，2月下旬始花，2月下旬至3月上旬盛花，3月上旬末花；9月上旬至中旬果熟，常边熟边落而呈未熟状。

上海辰山植物园 2月中旬现蕾，2月下旬始花，3月中旬盛花；12月中旬果熟。

南京中山植物园 4月上旬萌芽，4月上旬开始展叶，4月中旬展叶盛期，4月下旬展叶末期；3月上旬现蕾并始花，3月上旬至中旬盛花，3月中旬末花；果未见。

西安植物园 4月上旬至中旬开始展叶，4月上旬至下旬展叶盛期，4月中旬至下旬展叶末期；3月中旬始花、盛花，3月下旬至4月中旬末花；9月中旬果熟。

迁地栽培要点

喜光，成年树耐高温，抗寒性亦较强，但幼树不耐高温和干旱，适合在我国暖温带至亚热带地区栽培。播种繁殖。病虫害少见。

主要用途

树形自然，枝叶茂密，是优良的观叶植物；种仁油为制皂原料；果皮、叶含芳香油，油可作调香原料；木材黄褐色，纹理直，结构细，可作装饰薄木、家具及建筑用材。

树皮

叶背

叶面

花序（侧面）

花序（正面）

新叶及芽鳞
花枝
花枝
花苞
顶芽（春季）
果
幼果

46
大果山胡椒

Lindera praecox (Siebold et Zuccarini) Blume, Mus. Bot. 1: 324. 1851.

植株

自然分布

产于浙江、安徽、湖北等地。生于低山、山坡灌丛中。

迁地栽培形态特征

落叶灌木，高达4m。

茎 树皮灰褐色；幼枝青灰色，密被灰白色皮孔，无毛；冬芽长圆锥形。

叶 叶互生，卵形或椭圆形，先端长渐尖或渐尖，基部楔形至圆形，长5～10cm，宽2.5～4.5cm，上面深绿色，光亮，下面粉绿色，两面无毛；羽状脉，侧脉通常每边4条，上面稍凹，下面明显凸起，中脉两面凸起；叶柄长0.5～1cm，无毛，叶冬天枯黄不落，至翌年发新叶时落下。

花 伞形花序生于叶芽两侧各一；总苞片4，外露部分无毛，红色，内有花5朵；总花梗无毛，长4～4.5mm。雄花花被片广椭圆形，外轮长2mm，宽约1.5mm，内轮长1.7mm，宽约1.3mm，外面无毛或仅有稀疏白柔毛，内面毛较密；雄蕊近等长，无毛，第三轮雄蕊花丝基部着生2个具长柄宽肾形腺体，其形状大小多变异，退化雄蕊长角锥状。雌花花被片广椭圆形，外轮长1.5mm，宽1mm，内轮长1.2mm，宽不及1mm，外面被稀疏白柔毛，内面毛较密；退化雄蕊条形，第三轮基部着生2个具长柄肾形腺体；子房椭圆形，长约1mm，无毛，花柱长约为子房之半，柱头稍盘状膨大，红褐色；花梗密被白色柔毛。

果 果球形，直径可达1.5cm，熟时黄褐色；果梗长7～10mm，有皮孔，向上渐增粗，果托直径近3mm。（野外果）

引种信息

杭州植物园 引种信息不详。生长速度中等，长势良好。

武汉植物园 2005年从安徽省霍山县太阳乡引种苗（引种号20054041）。生长速度中等，长势良好。

物候

杭州植物园 2月至3月上旬叶芽开始膨大，3月中旬萌芽并开始展叶，3月中旬至下旬展叶盛期，3月下旬展叶末期；2月下旬现蕾，3月上旬始花、盛花，3月中旬末花；果未见。

武汉植物园 2月下旬萌芽，3月上旬展叶始期、盛期，3月中旬展叶末期；2月上旬现蕾，2月下旬始花，2月下旬至3月上旬盛花，3月上旬末花；果未见。

迁地栽培要点

抗寒性极强，但不耐高温和干旱，喜半阴生境，适合在我国长江流域栽培。播种繁殖为主。病虫害少见。

主要用途

枝叶浓密翠绿，冬叶枯而不落，极具观赏价值，可做园林灌木。

叶背

叶面

枝叶（冬季）

花枝

花序

花枝

果枝（野外）

树皮
花枝
幼果（野外）

47
川钓樟

Lindera pulcherrima var. ***hemsleyana*** (Diels) H. P. Tsui, Acta Phytotax. Sin. 16(4): 67. 1978.

植株

自然分布

产陕西、四川、湖北、湖南、广西、贵州、云南等地。生于海拔2000m左右的山坡、灌丛中或林缘。

迁地栽培形态特征

常绿小乔木，高达10m。

茎 树皮褐色，疏被皮孔；小枝纤细，绿色，初被白色柔毛，旋即脱落至无毛；芽倒卵形，被白色贴伏柔毛。

叶 叶互生，卵形、卵状椭圆形至卵状长圆形，长6.5～13cm，宽2～4.5cm，先端通常尾尖，长2cm左右，基部圆或宽楔形，上面绿色，极具光泽，下面蓝灰色，晦暗，初时两面被白色疏柔毛，后脱落至无毛或近无毛；近三出脉，中脉及侧脉两面均凸起；叶柄长0.8～1.2cm，纤细，常淡红色，初被白色柔毛，后脱落无毛。

花 伞形花序无总梗或具极短总梗，3～5生于叶腋长1～3mm的短枝先端，短枝偶有发育成正常枝。雄花（总苞中）花梗被白色柔毛，花被片6，近等长，椭圆形，外面背脊部被白色疏柔毛，内面无毛；能育雄蕊9，花丝被白色柔毛，第三轮花丝基部以上着生2具柄肾形腺体；退化雌蕊子房及花柱密被白色柔毛。

果 果椭圆形，无毛，近成熟果长8mm，直径6mm。

引种信息

昆明植物园 引种时间不详，引种地云南。生长速度中等，长势一般。

武汉植物园 2004年从湖北恩施市新塘乡引种苗（引种号20040049）。生长速度中等，长势中等。

西安植物园 引种于广西桂林市临桂区五通镇（引种号2016120595）。生长缓慢，长势一般，但能正常完成生殖过程，栽培过程中未发生冻害。

物候

昆明植物园 3月上旬叶芽开始膨大、萌芽并开始展叶，3月中旬展叶盛期，3月下旬展叶末期。2月下旬现蕾，3月上旬始花，3月中旬盛花；成熟果未见。

武汉植物园 2月上旬至下旬萌芽，3月下旬开始展叶，4月上旬展叶盛期、末期；3月上旬现蕾，3月中旬始花，3月下旬盛花、末花；果未见。

西安植物园 3月上旬始花、盛花，4月上旬末花；果未见。

迁地栽培要点

抗寒性极强，-8℃时未见冻害，也耐一定程度高温，喜半阴生境，适合于我国暖温带及以南地区栽培。播种繁殖。病虫害少见。

主要用途

可做园林观赏灌木。

树皮
花苞枝
幼果
花序
叶背
叶面
花枝

48
山橿

Lindera reflexa Hemsley, J. Linn. Soc., Bot. 26: 391. 1891.

自然分布

产河南、江苏、安徽、浙江、江西、湖南、湖北、贵州、云南、广西、广东、福建等地。生于海拔约1000m以下的山谷、山坡林下或灌丛中。

迁地栽培形态特征

落叶灌木，高达3.8m。

茎 树皮绿色，光滑。幼枝绿色，无棱，常密被红色斑点，幼时有绢状柔毛，旋即脱落。冬芽长角锥状。

叶 叶互生，卵形、椭圆形至倒卵状椭圆形，长（5）9~12（20）cm，宽（2.5）5.5~8（12.5）cm，先端渐尖，基部圆或宽楔形，有时稍心形，纸质，上面绿色，无毛，下面带绿苍白色，初时密被白色柔毛，后渐脱落成几无毛；羽状脉，侧脉每边6~8（10）对；叶柄长0.6~2.5cm，腹面有凹槽，幼时被柔毛，后脱落无毛，常呈水红色。

花 伞形花序着生于叶芽两侧各一，具总梗，长约3mm，红色，密被红褐色微柔毛，果时脱落；总苞片4，内有花约5朵。雄花花梗长4~5mm，密被白色柔毛；花被片6，黄色，椭圆形，近等长，长约2mm，花丝无毛，第三轮的基部着生2个宽肾形具长柄腺体，柄基部与花丝合生；退化雌蕊细小，长约1.5mm，狭角锥形。雌花花梗长4~5mm，密被白柔毛；花被片黄色，宽矩圆形，长约2mm，外轮略小，外面在背脊部被白柔毛，内面被稀疏柔毛；退化雄蕊条形，一、二轮长约1.2mm，第三轮略短，基部着生2腺体，腺体几与退化雄蕊等大，下部分与退化雄蕊合生，有时仅见腺体而不见退化雄蕊；雌蕊长约2mm，子房椭圆形，花柱与子房等长，柱头盘状。

果 果球形，直径约7mm，熟时红色；果梗无皮孔，长约1.5cm，被疏柔毛。

引种信息

武汉植物园 2004年从湖北长阳县引种苗（引种号20045432）。生长速度快，长势好。

上海辰山植物园 2007年9月20日从湖南衡阳市南岳镇衡山采集种子（登记号20071289）。生长速度中等，长势一般。

南京中山植物园 1979年从杭州植物园引种（引种号79I5401-54）；1982年从庐山植物园引种（引种号82I6301-4）。生长速度快，长势好。

物候

武汉植物园 2月中旬至3月上旬萌芽，3月中旬开始展叶并进入展叶盛期，3月下旬展叶末期；2月上旬现蕾、始花，2月中旬盛花，2月下旬至3月上旬末花；7月上旬果熟；9月中旬至下旬落叶。

上海辰山植物园 3月下旬萌芽；4月上旬始花，4月中旬盛花；果未见。

南京中山植物园 3月下旬萌芽，4月上旬开始展叶，4月中旬展叶盛期，4月下旬展叶末期；3月上旬现蕾，3月中旬始花，3月下旬盛花，4月上旬末花；果未见。

迁地栽培要点

喜阴凉湿润生境，极耐寒，也能耐一定程度高温，但忌阳光直射和干旱，适合我国暖温带和亚热带地区栽培。播种繁殖。病虫害少见。

主要用途

根药用，性温，味辛，可止血、消肿、止痛；治胃气痛、疥癣、风疹、刀伤出血。树形优雅，枝叶翠绿，冬叶红艳，可做园林观赏树木。

49
红脉钓樟

Lindera rubronervia Gamble, Sargent, Pl. Wilson. 2: 84. 1914.

自然分布

产河南、安徽、江苏、浙江、江西等地。生于山坡林下、溪边或山谷中。

迁地栽培形态特征

落叶灌木或小乔木，高达5m。

茎 树皮灰褐色，粗糙，疏被皮孔。小枝灰白色至褐色，平滑。冬芽长角锥形，无毛。

叶 叶互生，卵形至狭卵形，有时披针形，长4~8cm，宽2~5cm，先端渐尖，基部楔形；纸质，有时近革质，上面深绿色，沿中脉疏被短柔毛，下面淡绿色，被柔毛；离基三出脉，脉和叶柄秋后常变为红色，叶柄长5~10mm，被短柔毛。

花 伞形花序腋生，通常2个花序着生于叶芽两侧；总梗短；总苞片8，宿存，内有花5~8朵。花被片6，黄绿色，椭圆形，内面被白色柔毛，外轮长约2.7mm，内轮长约2.2mm，花被筒被柔毛。雄花能育雄蕊9，等长，花丝无毛，第三轮有2个具长柄及具角突宽肾形腺体，着生于花丝基部以上；退化雄蕊细小，子房长椭圆形。雌花中退化雄蕊条形，无毛，第三轮长约1.5mm，中、下部着生2个长圆形腺体，有时第二轮也有1~2个腺体，子房卵形，柱头盘状。

果 果近球形，直径1cm；果梗长1~1.5cm，熟后弯曲，果托直径约3mm。

引种信息

杭州植物园 引种信息不详。生长速度中等，长势好。

上海辰山植物园 2011年3月10日从安徽黄山市林科所引种苗（登记号20121318）。生长速度中等，长势良好。

南京中山植物园 1954年从安徽黄山引种（引种号IP4-158）；1979年从庐山植物园引种（引种号89I6301-25）。生长速度快，长势好。

物候

杭州植物园 2月至3月中旬叶芽开始膨大，3月下旬萌芽、开始展叶并进入展叶盛期，4月上旬展叶末期；3月上旬现蕾，3月中旬始花、盛花、3月下旬末花；果未见。

上海辰山植物园 3月中旬萌芽，4月上旬展叶期；3月下旬始花，4月中旬盛花；10月上旬果熟。

南京中山植物园 3月下旬萌芽并开始展叶，4月上旬展叶盛期，4月上旬至中旬展叶末期；3月上旬现蕾，3月上旬至中旬始花，3月中旬盛花，3月下旬末花；11月中旬果熟。

迁地栽培要点

喜半阴湿润生境，忌阳光直射和干旱，较耐寒，适合我国暖温带和亚热带地区栽培。播种繁殖。病虫害少见。

主要用途

叶及果皮可提取芳香油。

50
四川山胡椒

Lindera setchuenensis Gamble, Sargent, Pl. Wilson. 2: 82. 1914.

植株

树皮

自然分布

产四川、贵州。生于海拔1500m以下的山坡路旁及疏林中。

迁地栽培形态特征

常绿灌木，高达3m。

茎 树皮灰褐色，疏被皮孔；小枝灰绿色，圆柱形，密被灰白色柔毛，具多数圆形、纵裂皮孔。芽锥形，长0.5cm，鳞片无毛。

叶 叶互生，常集生于枝顶，条形，长9~18cm，宽1.4~2.8cm，先端渐尖，基部楔形，上面绿色，无毛，无光泽，下面灰绿色，被黄色柔毛，脉上较密；羽状脉，侧脉每边（10）15~17（21）条，上面中脉及侧脉凹陷，下面凸起。

花 伞形花序生于叶芽两侧各一；总苞片4，无毛，开花时宿存，内有花5朵；总梗长4~5mm，被微柔毛。雄花花被片倒披针形，无毛，外轮长1.7mm，内轮长1.5mm；雄蕊第一、二轮较长，长2mm，第三轮长1.5mm，花丝纤细，无毛，第三轮的基部稍上方着生2个具长柄漏斗形腺体；退化雄蕊细小；子房椭圆形，长不及0.5mm，花柱、柱头不分，成一小凸尖；花梗长3~4mm，连同花被管被长柔毛。雌花花被片条形，两面无毛，外轮长1.5mm，宽0.3mm，内轮长1.2mm，宽0.2mm，有时花被片呈退化雄蕊状，并在其基部着生一棒状腺体；第一、二轮雄蕊长约1.5mm，第三轮长1.2mm，基部以上着生2个漏斗形具长柄腺体；退化雄蕊条形，上部略宽，无毛；雌蕊无毛，子房椭圆形，长0.7mm，花柱长约1.5mm，柱头盘状；花梗长约3mm，连同花被管被长柔毛。

果 果椭圆形，长1.2cm，宽8mm；果托仅包被果实基部略上，直径约6mm；果梗长5mm，无毛。

相似种区分

本种枝叶形态极似黄丹木姜子［*Litsea elongata*（Nees）J. D. Hooker］，但后者叶片下面数对脉密集而横展，本种叶侧脉均匀斜向上伸展；后者花丝被长柔毛，本种花丝无毛；后者花期5~11月，本种花期2月。

引种信息

峨眉山生物站　1984年3月8日自四川峨眉山引种苗（引种号84-0282-01-EMS）。生长速度慢，长势弱。

武汉植物园　2005年从贵州江口县转塘村引种苗（引种号20051701）；2010年从四川泸州市合江县天堂坝乡引种苗（引种号20100054）。生长速度慢，长势弱。

南京中山植物园　2013年从湖北恩施引种（引种号2013I-0111）。生长速度慢，长势好。

物候

峨眉山生物站　3月上旬萌芽，3月中旬开始展叶，3月下旬展叶盛期；1月中旬现蕾，1月下旬始花，2月上旬至中旬盛花；9月下旬果熟。

武汉植物园　3月下旬萌芽，4月中旬开始展叶，4月下旬展叶盛期、末期；1月上旬至2月中旬现蕾，1月下旬至2月中旬始花，2月上旬至中旬盛花，2月中旬至下旬末花；9月上旬至下旬果熟。

南京中山植物园　4月上旬萌芽，4月中旬开始展叶，4月下旬展叶盛期，5月上旬展叶末期；3月下旬盛花，3月中旬末花；果未见。

迁地栽培要点

喜光，耐高温，但耐寒性较差，冬季在武汉地区常因受冻导致叶片脱落呈落叶灌木，适合我国中亚热带及以南地区栽培。播种繁殖。病虫害少见。

主要用途

叶片如柳叶，果实红艳，可栽培观赏。

叶背

叶面

花枝
花枝
花苞
花苞
果枝

果序

果序

幼果

花序

花序

木姜子属

Litsea Lamarck，Encycl. 3: 574. 1792.

落叶或常绿乔木或灌木；叶互生，稀对生或轮生，羽状脉；花单性，雌雄异株；花序伞形或为伞形花序式的聚伞花序或圆锥花序，单生或簇生于叶腋；总苞片4－6，交互对生，开花时尚宿存，迟落；花被筒长或短，花被裂片通常6，每轮3片，相等或不相等，早落，很少缺或为8片；雄花：能育雄蕊9或12，很少较多，每轮3枚，第一、二轮通常无腺体，第三轮和最内轮若存在时两侧各有1腺体，花药4室，内向瓣裂，退化雌蕊有或无；雌花：退化雄蕊与雄花中的雄蕊数目相同；子房上位，花柱显著，柱头盾状；果为浆果状核果，着生于多少增大的浅盘状或深杯状果托（花被筒）上，也有些种类花被筒结果时不增大，故无盘状或杯状果托。

约200种，分布于亚洲热带和亚热带，少数种分布于澳大利亚及美国，我国约有74种（其中47种为特有种），南自广东、海南，北至河南均产，但主产南方和西南方温暖地区。

木姜子属分种检索表

1a. 落叶；叶片纸质或膜质；花被裂片6；花被筒在果时不增大，无杯状果托（仅天目木姜子有杯状果托）。

2a. 叶柄长2～8cm；叶片从圆形、圆状椭圆形至宽卵圆形。

3a. 树皮小鳞片状剥落，内皮深褐色，呈鹿斑状；叶长9.5～23cm，宽5.5～13.5cm，基部耳形；果卵形，长13～17mm，直径11～13mm；果托杯状……51. **天目木姜子 *L. auriculata***

3b. 树皮不呈小鳞片状剥落，无鹿斑状；叶长6～8cm，基部圆形或楔形；果球形，直径5～6mm；果托浅盘状……64. **杨叶木姜子 *L. populifolia***

2b. 叶柄长在2cm以下。

4a. 小枝无毛。

5a. 叶片披针形、长圆形或倒卵状长圆形；每一伞形花序有花4～6朵；花丝中下部有毛……54. **山鸡椒 *L. cubeba***

5b. 叶片椭圆形；每一伞形花序有花15～20朵；花丝无毛……66. **滇木姜子 *L. rubescens* var. *yunnanensis***

4b. 小枝有毛。

6a. 小枝、叶下面具柔毛或茸毛，嫩枝的毛不甚脱落，二年生枝仍有较多的毛；顶芽鳞片外面被短柔毛……60. **毛叶木姜子 *L. mollis***

6b. 小枝、叶下面具绢毛，嫩枝的毛脱落较快，二年生枝（开花、结果的枝）多已秃净；顶芽鳞片外面通常无毛或仅于上部有少数毛……65. **木姜子 *L. pungens***

1b. 常绿，叶片革质或薄革质。

7a. 花被裂片不完全或缺，花被筒在果时不增大或稍增大，雄蕊通常15～30……57. **潺槁木姜子 *L. glutinosa***

7b. 花被裂片6～8，雄蕊通常9～12。

8a. 花被筒在果时不增大或稍增大，果托扁平或呈浅小碟状，完全不包住果实。

9a. 叶片轮生，通常3～6片一轮……67. **轮叶木姜子 *L. verticillata***

9b. 叶片互生。

10a. 果梗顶端宿存有花被裂片；果球形或近球形。

11a. 树皮呈小鳞片状剥落，内皮赤褐色，黄褐色或紫褐色，形如鹿斑；花序无总梗；果梗粗壮，宿存的花被片6，整齐，通常直立。

12a. 嫩枝无毛；幼叶下面无毛……53. **豹皮樟 *L. coreana* var. *sinensis***

12b. 嫩枝有柔毛；幼叶下面全被柔毛或沿中脉两侧有柔毛……52. **毛豹皮樟 *L. coreana* var. *lanuginosa***

11b. 树皮不呈小鳞片状剥落，无鹿斑痕；花序具总梗；宿存的花被片2～4枚，不整齐，反曲……58. **红河木姜子 *L. honghoensis***

10b. 果梗顶端上面不宿存花被裂片；果长椭圆形，长卵形或球形……61. **假柿木姜子 *L. monopetala***

8b. 花被筒在果时很增大，成盘状或杯状果托，多少包住果实。

13a. 伞形花序或果序多个生于长的或多少伸长的总花梗或果序总梗上，呈圆锥状、总状或近伞房状。

14a. 幼枝无毛。

15a. 幼枝具明显棱角，髓中空；叶长圆形或倒卵状长圆形，长21～25cm，宽11～14.5cm；中脉在叶上面平且宽，近叶基部宽达3mm，侧脉15～22条……55. **五桠果叶木姜子 *L. dilleniifolia***

15b. 幼枝无棱角，髓不中空；叶片较小，长10～21cm，宽3～8cm，中脉在叶上面凸起或下陷，最宽也不超过2mm，侧脉7～12条……63. **思茅木姜子 *L. szemaois***

14b. 幼枝有毛……62. **香花木姜子 *L. panamanja***

13b. 伞形花序或果序单生或簇生。

16a. 嫩枝无毛或近于无毛；叶柄幼时通常无毛……59. **大果木姜子 *L. lancilimba***

16b. 嫩枝有毛；叶柄幼时通常也有毛……56. **黄丹木姜子 *L. elongata***

51
天目木姜子

Litsea auriculata S. S. Chien et W. C. Cheng, Contr. Biol. Lab. Sci. Soc. China, Bot. Ser. 6: 59. 1931.

自然分布

产浙江（天目山和天台山）、安徽南部（歙县）、湖北（广水、罗田、英山）、河南等地。生于混交林中，海拔500~1000m。

迁地栽培形态特征

落叶乔木，高达20m。

茎 树皮灰色，不裂，斑块状脱落。当年生小枝绿色，二年生小枝红褐色，小枝无毛。

叶 叶互生，椭圆形、圆状椭圆形、近心形或倒卵形，长10~23cm，宽5.5~13.5cm，先端钝或圆形，基部耳形，纸质，上面深绿色，有光泽，下面苍白绿色，被短柔毛；羽状脉，侧脉每边5~8条，中脉在叶上面平坦或稍下陷，下面中脉、侧脉均凸起；叶柄长3~8cm，无毛。

花 伞形花序无总梗或具短梗，先叶开花或同时开放；苞片8，开花时尚存，每一花序有雄花6~8朵；花梗长1.3~1.6cm，被丝状柔毛；花被裂片6，有时8，黄色，长圆形或长圆状倒卵形，长4~5mm，外面被柔毛，内面无毛；能育雄蕊9，花丝无毛，第3轮基部腺体有柄；退化雌蕊卵形，无毛。雌花较小，花梗长6~7mm，花被裂片长圆形或椭圆状长圆形，长2~2.5mm；退化雄蕊无毛；子房卵形，无毛，花柱近顶端略有短柔毛，柱头2裂或顶端平。

果 果未见。

引种信息

杭州植物园 引种信息不详。生长速度较慢，长势弱。

武汉植物园 引种信息不详。生长速度一般，长势弱。

上海辰山植物园 2007年10月16日从河南信阳市鸡公山采集种子（登记号20071366）。生长速度较慢，长势较差。

物候

杭州植物园 2月至3月下旬叶芽开始膨大，3月下旬萌芽并开始展叶，4月上旬展叶盛期、末期；3月下旬现蕾、始花、盛花、末花；果未见。

武汉植物园 3月中旬至下旬萌芽，3月下旬开始展叶并进入展叶盛期，4月上旬展叶末期；9月中旬落叶；花果未见。

上海辰山植物园 4月上旬萌芽，5月上旬叶全展开；花果未见。

迁地栽培要点

幼树喜半阴环境，成年树稍喜光，耐高温，抗寒性亦较强，-8℃低温时未见冻害，稍耐干旱，适合我国北亚热带和中亚热带地区栽培。播种繁殖为主，也可扦插、分株繁殖。病虫害少见。

主要用途

木材带黄色，重而致密，可供家具等用；果实和根皮，民间用来治寸白虫；叶外敷治伤筋；树体壮观，叶片大，树皮片状脱落后呈鹿斑状，非常美丽。是优良的园林绿化树种。

植株 树皮 叶面 叶背 枝叶 花苞 花特写 花序

52
毛豹皮樟

Litsea coreana var. ***lanuginosa*** (Migo) Yen C. Yang et P. H. Huang, Acta Phytotax. Sin. 16(4): 50. 1978.

自然分布

产浙江、安徽、河南、江苏、福建、江西、湖南、湖北、四川、广东北部、广西、贵州、云南（嵩明、富民）。生于山谷杂木林中，海拔300~2300m。

迁地栽培形态特征

常绿乔木，高达15m。

茎 树皮灰色，呈斑块状剥落，内皮灰白色；幼枝黄褐色，密被灰黄色柔毛；顶芽倒卵形，具灰黄色柔毛。

叶 叶互生，倒卵状椭圆形，长4.5~9.5cm，宽1.4~3（4）cm，先端渐尖，基部楔形，革质，上面深绿色，下面粉绿色，初两面均密被灰黄色柔毛，后上面渐脱落，下面多少宿存；羽状脉，侧脉每边7~10条，在两面微凸起，中脉在两面凸起，网脉不明显；叶柄纤细，长1~2.2cm，初被柔毛，后渐脱落。

花 伞形花序腋生，无总梗或有极短的总梗；苞片4，交互对生，近圆形，外面被黄褐色丝状短柔毛，内面无毛；每一花序有花3~4朵；雄花花梗粗短，密被长柔毛；花被裂片6，卵形或椭圆形，外面被柔毛；雄蕊9，花丝有长柔毛，腺体箭形，有柄，无退化雌蕊。雌花子房近于球形，花柱有稀疏柔毛，柱头2裂；退化雄蕊丝状，有长柔毛。

果 果椭圆形，直径7~8mm；果托扁平，宿存有6裂花被裂片；果梗粗壮，扁平。（幼果）

相似种区分

本变种与豹皮樟［*Litsea coreana* var. *sinensis*（C. K. Allen）Yen C. Yang & P. H. Huang］相似，区别在于本变种嫩枝有柔毛，幼叶下面全被柔毛或沿中脉两侧有柔毛；而豹皮樟嫩枝及幼叶下面均无毛。

引种信息

武汉植物园 2004年从湖南会同县团河镇引种苗（引种号20040995）；同年从四川都江堰市大观镇引种苗（引种号20042613）。生长速度快，长势好。

物候

武汉植物园 4月上旬萌芽、开始展叶并进入展叶盛期，4月中旬展叶末期；8月上旬现蕾，8月中旬始花、盛花，8月下旬末花；果未熟先落。

迁地栽培要点

喜阳，能耐40℃高温，同时在-8℃低温也未见冻害，适合我国北亚热带至中亚热带地区栽培。播种繁殖。病虫害少见。

主要用途

民间用根治疗胃脘胀痛；树形开展，树皮鹿斑状剥落，适合做园林观赏树种。

植株　树皮　叶面　叶背　花枝　花序　果枝　果序

53
豹皮樟

Litsea coreana var. ***sinensis*** (C. K. Allen) Yen C. Yang et P. H. Huang, Acta Phytotax. Sin. 16(4): 49. 1978.

花枝

自然分布

产浙江、江苏、安徽、河南、湖北、江西、福建。生于山地杂木林中，海拔900m以下。

迁地栽培形态特征

常绿小乔木，高达15m。

茎 树皮灰色，呈鹿斑状剥落；幼枝绿色，老枝黑褐色，无毛，密被长椭圆形纵裂皮孔；顶芽倒卵形，具微柔毛。

叶 叶互生，倒卵状椭圆形，长4.5~9.5cm，宽1.4~3（4）cm，先端渐尖、钝，基部楔形，革质，上面深绿色，无毛，有光泽，下面粉绿色，无毛，密被白粉；羽状脉，侧脉每边7~10条，在两面微凸起，中脉在两面凸起，网脉不明显；叶柄纤细，长0.7~1.6cm，无毛。

花 同毛豹皮樟。

果 果近球形，直径7~8mm，红色；果托扁平，宿存有6裂花被裂片；果梗粗壮。（野外果）

相似种区分

本变种与毛豹皮樟［*Litsea coreana* var. *lanuginosa*（Migo）Yen C. Yang et P. H. Huang］相似，区别可参看后者描述。

引种信息

杭州植物园 引种信息不详。生长速度较慢，长势良好。

武汉植物园 2005年从安徽休宁县白际乡引种苗（引种号20052156）。生长速度慢，长势一般。

南京中山植物园 1960年从江苏宜兴市引种（引种号II89-179）。生长速度慢，长势好。

物候

杭州植物园 3月上旬至下旬叶芽开始膨大，3月下旬萌芽并开始展叶，4月上旬展叶盛期、末期；花果未见。

武汉植物园 4月上旬萌芽并开始展叶，4月中旬展叶盛期、末期；8月上旬现蕾，8月中旬始花、盛花，8月下旬末花；果未见。

南京中山植物园 3月下旬萌芽，4月上旬展叶始期，4月中旬展叶盛期，4月下旬展叶末期；8月下旬始花，9月上旬盛花、末花。

迁地栽培要点

同毛豹皮樟。

主要用途

同毛豹皮樟。

果枝（野外）

植株
树皮
叶面
叶背
花序
花序

54
山鸡椒

Litsea cubeba (Loureiro) Persoon, Syn. 2: 4. 1807.

植株　树皮

自然分布

产广东、广西、福建、台湾、浙江、江苏、安徽、湖南、湖北、江西、贵州、四川、云南、西藏。生于向阳的山地、灌丛、疏林或林中路旁、水边，海拔500~3200m。东南亚各地也有分布。

迁地栽培形态特征

落叶灌木或小乔木，高达10m。

茎 树皮灰褐色，密被皮孔；小枝纤细，绿色，无毛；顶芽被灰白色微柔毛。

叶 叶互生，长圆形或披针形，长4~11cm，宽1.1~2.4（3.2）cm，先端渐尖，基部狭楔形或楔形，有时下延，膜质至纸质，上面深绿色，下面粉绿色，通常密被白粉，两面均无毛；羽状脉，侧脉每边6~10条，纤细，中脉、侧脉在两面均凸起；叶柄长6~20mm，纤细，常呈淡红色，无毛。

花 伞形花序单生或簇生，总梗细长，长6~10mm；苞片边缘有睫毛；每一花序有花4~6朵，先叶开放或与叶同时开放。雄花花被裂片6，宽卵形；能育雄蕊9，花丝中下部有毛，第3轮基部的腺体具短柄；退化雌蕊无毛。雌花中退化雄蕊中下部具柔毛；子房卵形，花柱短，柱头头状。

果 果近球形，直径约5mm，无毛，幼时绿色，成熟时黑色，果梗长2~4mm，先端稍增粗。

引种信息

武汉植物园　2009年从江西武宁县罗坪镇引种苗（引种号20090749）；2010年从贵州遵义市赤水

市官渡镇长嵌沟桐仙溪水库引种苗（引种号20104158）。生长速度慢，长势弱。

物候

武汉植物园　2月下旬萌芽，3月中旬开始展叶，3月下旬展叶盛期、末期；2月上旬现蕾，2月中旬始花、盛花，2月下旬末花；8月中旬至下旬果熟；11月上旬落叶。

迁地栽培要点

喜半阳环境，但忌阳光暴晒，耐高温，极耐寒，适合我国长江流域及以南地区栽培。播种繁殖，也可扦插繁殖。偶见红蜘蛛和卷叶虫危害。

主要用途

木材可供普通家具和建筑等用；花、叶和果皮是提制柠檬醛的原料，供医药制品和配制香精等用；果实蒸馏提取的精油经过勾兑后，可作为食品调料；核仁油供工业上用；根、茎、叶和果实均可入药，有祛风散寒、消肿止痛之效；植株春季先花后叶，花团锦簇，可栽培做观赏植物。

果枝（野外）

花枝
花枝
花枝
果序
花特写
花序
叶面
叶背

55
五桠果叶木姜子

Litsea dilleniifolia P. Y. Pai et P. H. Huang, Acta Phytotax. Sin. 16(4): 51. 1978.

植株

树皮

自然分布

产云南南部。生于沟谷雨林河岸湿润处，海拔500m。

迁地栽培形态特征

常绿乔木，高20～26m，胸径28～30cm。

茎 树干通直，树皮灰色或灰褐色，树皮薄片状剥落。小枝粗壮，绿褐色，具明显棱角，无毛，中空，髓心褐色，皮孔显著，椭圆形，叶痕近圆形，直径4～9mm。顶芽裸露，圆锥形，外被灰黄色短柔毛。

叶 叶互生，长圆形或倒卵状长圆形，长21～50cm，宽11～14.5cm（萌发枝的叶长达60cm），先端短渐尖或近圆，基部楔形或两侧不对称，革质，上面绿色，无毛，下面灰绿色，无毛；羽状脉，侧脉每边15～22条，斜展较直，中脉粗壮，近叶基处宽达3mm，中脉与侧脉在叶上面平滑或稍下陷，在下面凸起，横脉在两面明显；叶柄长2.5～3cm，萌发枝的叶柄长达5cm，直径达8mm，粗壮，干时有皱褶，无毛。

花 伞形花序6~8个生于长2cm的短枝上排列成总状花序，短枝粗约4mm，密被锈色柔毛；伞形花序梗短，长2mm，密被锈色柔毛；苞片4，外面密被锈色柔毛；每一花序有雄花5朵；花梗长3~4mm，粗壮，密被锈色柔毛；花被裂片8，长卵形，长3.5~4mm，宽1.5~2mm，中脉明显，外面基部及中肋被柔毛，边缘有睫毛；能育雄蕊16~17，花丝中部以下具黄色柔毛，腺体圆状心形，具短柄；退化子房卵形，柱头2裂，均无毛。

果 果未见。

引种信息

西双版纳热带植物园 1株1975年从云南勐腊县引种苗（引种号00,1975,0108），另有2株引种信息不详。生长速度快，长势好。

物候

西双版纳热带植物园 全年零星展叶；4月中旬至下旬始花，4月下旬盛花，5月上旬末花；果未见。

迁地栽培要点

喜光及温暖、湿润的生长环境，忌低温及干旱，对土壤要求不严，适合在我国热带地区栽培。播种繁殖。病虫害少见。

主要用途

木材通直，可做建材及家具。

56
黄丹木姜子

Litsea elongata (Nees ex Wall.) Benth. et Hook f., Fl. Brit. India. 5: 165. 1886.

自然分布

产广东、广西、湖南、湖北、四川、贵州、云南、西藏、安徽、浙江、江苏、江西、福建。生于山坡路旁、溪旁、杂木林下，海拔500～2000m。尼泊尔、印度也有分布。

迁地栽培形态特征

常绿乔木，高达12m。

茎 树皮灰白色；小枝灰绿色或黄褐色，被黄褐色开展长柔毛，或有时被棕褐色贴伏丝状柔毛；顶芽卵圆形，被黄褐色丝状短柔毛。

叶 叶互生，变异极大，通常长圆状披针形、倒披针形或长圆形，长6～22（25）cm，宽2～6cm，先端钝或短渐尖，基部楔形或近圆，革质，上面幼时被柔毛，后脱落无毛，下面被黄褐色短柔毛或贴伏棕褐色丝状柔毛；羽状脉，侧脉每边10～20条，下面数对密集而横展，中脉及侧脉在叶上面平或稍下陷，在下面凸起，横脉在下面明显凸起，网脉稍凸起；叶柄长1～2.5cm，密被黄褐色或棕褐色柔毛。

花 伞形花序单生，少簇生；总梗通常较粗短，长2～5mm，密被褐色茸毛；每一花序有花4～5朵；花梗被丝状长柔毛；花被裂片6，卵形，外面中肋有丝状长柔毛。雄花中能育雄蕊9～12，花丝有长柔毛；腺体圆形，无柄，退化雌蕊细小，无毛。雌花序较雄花序略小，子房卵圆形，无毛，花柱粗壮，柱头盘状；退化雄蕊细小，基部有柔毛。

果 果长圆形，长11～13mm，直径7～8mm，成熟时黑紫色；果托杯状，深约2mm，直径约5mm；果梗长2～3mm。

相似种区分

本种外形与四川山胡椒（*Lindera setchuenensis* Gamble）相似，区别可见后者描述。

引种信息

昆明植物园 2000年引种于云南金平县。长势弱，生长情况不佳，苗木弱小。

杭州植物园 引种信息不详。生长速度一般，长势弱。

武汉植物园 2005年从湖北咸丰县高乐山镇老寨村引种苗（引种号20050041）。生长速度一般，长势好。

物候

昆明植物园 3月下旬叶芽开始膨大，4月上旬萌芽并开始展叶，无明显的展叶盛期；花果未见。

杭州植物园 2月至3月下旬叶芽开始膨大，4月上旬萌芽，4月中旬开始展叶，4月下旬展叶盛期、末期；花果未见。

武汉植物园 4月中旬萌芽，4月中旬至下旬开始展叶并进入展叶盛期，4月下旬至5月上旬展叶末期；8月下旬现蕾，9月上旬始花、盛花，9月中旬末花；翌年4月上旬果熟。

迁地栽培要点

适应能力强，喜半阳环境，能耐40℃高温和-8℃低温，适合我国长江流域及以南地区栽培。播种繁殖。病虫害少见。

主要用途

木材可供建筑及家具等用；种子可榨油，供工业用；果熟时红、黑、绿色相间，十分有趣，适合做观果植物。

57
潺槁木姜子

Litsea glutinosa (Loureiro) C. B. Robinson, Philipp. J. Sci. Bot. 6: 321. 1911.

植株

果枝

果枝

自然分布

产广东、广西、福建及云南南部。生于山地林缘、溪旁、疏林或灌丛中，海拔500~1900m。越南、菲律宾、印度也有分布。

迁地栽培形态特征

常绿小乔木或乔木，高达15m。

茎 树皮灰褐色，树皮薄片状剥落。小枝灰褐色，幼时被灰黄色茸毛，后逐渐脱落。顶芽卵圆形，鳞片外面被灰黄色茸毛。

叶 叶互生，倒卵状长圆形或倒卵形，长6.5~12cm，宽5~11cm，先端钝或圆，基部楔形，革质，嫩叶两面有毛，老时上面仅中脉有毛，下面有灰黄色茸毛；羽状脉，侧脉每边8~12条，中脉及侧脉在叶正面微凸，在下面凸起；叶柄长1~2.5cm，被灰黄色茸毛。

花 伞形花序生于小枝上部叶腋，单生或几个生于短枝上，短枝长达2~4cm或更长；每一花序梗长1~1.5cm，均被灰黄色茸毛；苞片4；每一花序有花数朵；花梗被灰黄色茸毛；花被不完全或缺；雄花能育雄蕊通常15或更多，花丝长，有灰色柔毛，腺体有长柄，柄有毛；退化雌蕊椭圆，无毛。雌花中子房近于圆形，无毛，花柱粗大，柱头漏斗形；退化雄蕊有毛。

果 果球形，直径约7mm，果梗长5~6mm，先端略增大。

引种信息

西双版纳热带植物园 1959年从云南景洪市龙帕引种苗（引种号00,1959,0488）。生长速度快，长势好。

桂林植物园 引种信息不详。生长速度快，长势好。

武汉植物园 2005年从广西大新县硕龙镇引种苗（引种号20058993）。生长速度极慢，长势差，每年受冻害严重。

物候

西双版纳热带植物园 全年零星展叶；4月中旬始花，4月下旬盛花，5月上旬末花；6月下旬果熟。

桂林植物园 3月下旬至4月上旬开始展叶，4月上旬至中旬展叶盛期，4月中旬展叶末期；花果未见。

武汉植物园 3月下旬萌芽，4月上旬开始展叶并进入展叶盛期，4月中旬展叶末期；花果未见。

迁地栽培要点

喜光线充足、暖热湿润的环境，适合微酸性土壤，不耐寒，0℃时叶片受冻严重，-4℃时地上枝叶几乎全部冻死，适合我国南亚热带及以南地区栽培。繁殖方法有播种、扦插、压条等。病虫害少见。

主要用途

树形高大雄壮，可栽培供观赏；木材可供家具用材；树皮和木材含胶质，可作黏合剂；种仁油供制皂及作硬化油；民间用根皮和叶入药，清湿热、消肿毒，治腹泻，外敷治疮痈。

树皮

叶背

叶面

花枝

58
红河木姜子

Litsea honghoensis H. Liu, Bull. Soc. Bot. France. 80: 567. 1933.

自然分布

产云南东南部及南部。生于山谷林中，海拔1300~2200m。

迁地栽培形态特征

常绿乔木，高达10m。

茎 树皮黑灰色或黄绿带棕褐斑块。小枝无毛，干后黄褐色或紫红褐色。顶芽卵圆形，先端钝，鳞片外面被丝状短柔毛。

叶 叶互生或集生于枝顶，长椭圆形至倒卵状披针形，长10~19cm，宽2~6cm，先端渐尖至突尖，基部楔形，革质，上面黄绿色，无毛，下面粉绿色，无毛或沿脉有毛；羽状脉，中脉两面隆起，较粗壮，侧脉每边7~10条，直展，或近叶缘处弯曲；叶柄长1~1.5cm，无毛。

花 伞形花序簇生或单生叶腋；总梗长8~12mm，无毛；苞片圆形。每一花序有雄花3~5朵；花梗长2mm，有柔毛；花被裂片6，圆形；能育雄蕊9，花丝无毛，第3轮基部的腺体长椭圆形，大，无柄；退化雌蕊无毛，花柱细，柱头点状。雌花花被裂片卵形；退化雄蕊无毛；雌蕊长3mm，花柱短，柱头盘状。

果 果未见。

引种信息

昆明植物园 2000年引种于云南金平。生长速度慢，多数长势差，仅有1株长势较好。

物候

昆明植物园 2月下旬萌芽，3月上旬开始展叶，3月中旬展叶盛期，4月上旬展叶末期；2月现蕾，2月下旬始花，3月上旬至中旬盛花，4月上旬末花；果未见。

迁地栽培要点

喜阳，在昆明适应性强，能耐干旱和瘠薄。成年树能够适应极端天气，不受冻害。适合我国云南东南及南部地区栽培。种子繁殖。病虫害少见。

主要用途

果皮油为香料工业重要原料，并有抑制致癌物质黄曲霉素的作用；根、茎、叶、果均可入药；树体笔直，四季常绿，在园林配景中可做中层基调树，也是优良的园林绿化树种。

花枝
花枝
花序
花序
雄花特写
雌花特写
雌花特写

59 大果木姜子

Litsea lancilimba Merrill, Philipp. J. Sci. 23: 244. 1923.

自然分布

产广东、广西、福建南部、云南东南部。生于密林中，海拔900~2500m。越南、老挝也有分布。

迁地栽培形态特征

常绿乔木，高达20m。

茎 树皮棕褐色；小枝绿色，具棱，无毛，顶芽卵圆形，先端钝，芽鳞红褐色，鳞片外面被丝状短柔毛。

叶 叶互生，披针形，长10~20cm，宽2.5~5cm，先端渐尖，基部楔形，革质，上面深绿色，有光泽，下面粉绿，两面均无毛；羽状脉，侧脉每边12~14条，中脉在上面平坦，下面凸起，侧脉上面微凸起，下面明显，横脉及网脉两面均不明显；叶柄长1~3.5cm，无毛。

花 雄花伞形花序腋生，单独或2~4个簇生；总梗短粗，长约5mm；苞片外面具丝状短柔毛；每一花序有花5朵，花梗长约4mm，被白色柔毛；花被裂片6，披针形，外面中肋疏生柔毛，能育雄蕊9，花丝有柔毛，第3轮基部的腺体有柄。雌花未见。

果 果长圆形，长1.5~2.5cm，直径1~1.4cm；果托盘状，直径约1cm，边缘常有不规则的浅裂或不裂；果梗长5~8mm，粗壮。(野外果)

引种信息

武汉植物园 引种信息不详。生长速度慢，长势弱。

物候

武汉植物园 3月下旬萌芽并开始展叶，4月上旬展叶盛期、末期；7月中旬至下旬现蕾，8月上旬始花，8月中旬盛花、末花；果未见。

迁地栽培要点

喜光，可耐40℃高温和-8℃低温，可在我国亚热带及以南地区栽培。播种繁殖。病虫害少见。

主要用途

树形高大挺拔，叶片纤长有光泽，是很好的观叶树种；木材轻脆，但不裂不蛀，供家具及细木工用材；种子可榨油供工业用。

叶面
叶背
植株
花枝
花序
果（野外）
果枝（野外）

60
毛叶木姜子

Litsea mollis Hemsley, J. Linn. Soc. Bot. 26: 383. 1891.

植株

自然分布

产广东、广西、湖南、湖北、四川、贵州、云南、西藏东部。生于山坡灌丛中或阔叶林中，海拔600～2800m。

迁地栽培形态特征

落叶灌木或小乔木，高达4m。

茎 树皮绿色，光滑，有黑斑，撕破有松节油气味。顶芽圆锥形，鳞片外面有柔毛。小枝灰褐色，有柔毛。

叶 叶互生或聚生枝顶，长圆形或椭圆形，长4~12cm，宽2~4.8cm，先端突尖，基部楔形，纸质，上面暗绿色，无毛，下面带绿苍白色，密被白色柔毛；羽状脉，侧脉每边6~9条，纤细，中脉在叶两面凸起，侧脉在上面微凸，在下面凸起，叶柄长1~1.5cm，被白色柔毛。

花 雄花伞形花序腋生，常2~3个簇生于短枝上，短枝长1~2mm，花序梗长6mm，有白色短柔毛，每一花序有花4~6朵，先叶开放或与叶同时开放；花被裂片6，黄色，宽倒卵形，能育雄蕊9，花丝有柔毛，第3轮基部腺体盾状心形，黄色；退化雌蕊无。雌花未见。

果 果未见。

引种信息

西双版纳热带植物园 引种信息不详。生长速度中等，长势一般。

物候

西双版纳热带植物园 无明显落叶期，全年零星展叶；1月下旬始花，2月上旬盛花，2月中旬末花；果未见。

迁地栽培要点

喜温暖的生长环境，对土壤要求不严，适合在我国长江流域以南地区栽培。播种繁殖。病虫害少见。

主要用途

果可提芳香油，出油率3%~5%；种子含脂肪油25%，属不干性油，为制皂的上等原料；根和果实还可入药，果实在湖北民间代山鸡椒［*L. cubeba*（Lour.）Pers.］作“毕澄茄”使用。

叶背

花枝

叶面

61
假柿木姜子

Litsea monopetala (Roxburgh) Persoon, Syn. Pl. 2: 4. 1807.

自然分布

产广东、广西、贵州西南部、云南南部。生于阳坡灌丛或疏林中，海拔可至1500m，但多见于低海拔的丘陵地区。东南亚各地及印度、巴基斯坦也有分布。

迁地栽培形态特征

常绿乔木，高达18m。

茎 树皮灰褐色。小枝淡绿色，密被锈色短柔毛。顶芽圆锥形，外面密被锈色短柔毛。

叶 叶互生，宽卵形、倒卵形至卵状长圆形，长8~20cm，宽4~12cm，先端钝或圆，偶有急尖，基部圆或急尖，薄革质，幼叶上面沿中脉有锈色短柔毛，老时渐脱落变无毛，下面密被锈色短柔毛；羽状，侧脉每边8~12条，有近平行的横脉相联，侧脉较直，中脉、侧脉在叶上面均下陷，在下面凸起；叶柄长1~3cm，密被锈色短柔毛。

花 伞形花序簇生叶腋，总梗极短；每一花序有花4~6朵或更多；花序总梗长4~6mm；苞片膜质；花梗长6~7mm，有锈色柔毛。雄花花被片5~6，披针形，长2.5mm，黄白色；能育雄蕊9，花丝纤细，有柔毛，腺体有柄。雌花较小；花被裂片长圆形，长1.5mm，退化雄蕊有柔毛；子房卵形，无毛。

果 果长卵形，长约7mm，直径5mm；果托浅碟状，果梗长1cm。

引种信息

西双版纳热带植物园 2001年从老挝引种子（引种号30,2001,0012）。生长速度快，长势良好。

桂林植物园 引种信息不详。生长速度一般，长势好。

武汉植物园 2015年从云南麻栗坡县南温江乡引种苗（引种号20150302）。生长速度慢，长势差，冬季常年受冻害。

物候

西双版纳热带植物园 全年零星展叶；3月下旬至4月上旬始花，4月上旬至中旬盛花，4月下旬末花；7月上旬至中旬果熟。

桂林植物园 4月上旬展叶始期、盛期，4月中旬展叶末期；4月下旬始花、盛花，5月上旬末花；果实未见。

武汉植物园 6月中旬萌芽，6月下旬开始展叶，7月上旬展叶盛期、末期；花果未见。

迁地栽培要点

喜光，喜暖热湿润的生长环境，极耐高温，但抗寒性较差，低温0℃时即受冻害，-3℃即可导致大量枝叶甚至整个地上部分冻死，适合在我国南亚热带及以南地区栽培。播种繁殖。病虫害少见。

主要用途

树形高大开展，可做绿化；木材可做家具等用；种仁含脂肪油30.33%，供工业用；民间用叶来外敷治关节脱臼。

植株

叶面 叶背 树皮 花苞 花枝 果枝 幼果 成熟果特写 果序

62
香花木姜子

Litsea panamanja (Buchanan-Hamilton ex Nees) J. D. Hooker, Fl. Brit. India. 5: 175. 1886.

自然分布

产云南南部、广西西南部（龙州大青山）。生于常绿阔叶混交林中，海拔500～2000m。印度、越南北部也有分布。

迁地栽培形态特征

常绿乔木，高约20m，直径约60cm。

茎 树皮灰褐色。小枝褐色，初时有柔毛，后毛脱落变无毛。顶芽裸露，外面密被褐色短柔毛。

叶 叶互生，长圆形或披针形，长10～18cm，宽3～5.5（7）cm，先端渐尖或短尖，基部楔形，革质，上面深绿色，有光泽，下面绿色，两面均无毛；羽状脉，中脉在叶两面均凸起，侧脉每边7～11条，纤细，在上面平，在下面稍凸起；叶柄长约2cm，无毛。

花 伞形花序生于短枝上，组成总状花序。雄花总状花序长3～5cm，有柔毛；苞片外面有淡褐色短柔毛，内面无毛；每一小伞形花序梗长3～5mm，有褐色短柔毛，有花5朵，花细小，黄色，略有香味；花梗长1.5mm，密被黄褐色柔毛，花被裂片6，长圆形或卵形，外面基部具淡黄色丝状短柔毛，内面无毛；能育雄蕊9，长1.7mm，花丝无毛，腺体有短柄；退化雌蕊无毛。雌花总状花序较雄花序短，长1.5～2cm；雌花中子房近圆形，无毛，花柱无毛，柱头膨大。

果 果扁球形，长约6mm，直径约10mm；果托杯状，深2mm，直径7mm；果梗长约8mm，顶端增粗达3mm。

引种信息

西双版纳热带植物园 引种信息不详。生长速度快，长势良好。

物候

西双版纳热带植物园 全年零星展叶；7月中旬至下旬始花，7月下旬盛花，8月上旬末花；4月上旬至中旬果熟。

迁地栽培要点

喜温暖、湿润生长环境，忌低温及干旱，适合在我国热带地区栽培。播种繁殖。病虫害少见。

主要用途

木材可制作家具。

植株 树皮 叶背 叶面 幼果 花枝

63

思茅木姜子

Litsea szemaois (H. Liu) J. Li et H. W. Li, Acta Bot. Yunnan. 28: 105. 2006.

自然分布

产云南南部。生于阔叶混交林中，海拔800～1500m。

迁地栽培形态特征

常绿乔木，高6～25m，胸径17～30cm。

茎 树皮灰褐色；小枝褐色，无毛。顶芽裸露，外被灰黄色短柔毛。

叶 叶互生，椭圆形或长圆状椭圆形，偶有倒卵状长圆形，长10～21cm，高3～5cm，两端渐狭，革质，上面深绿色，有光泽，下面黄绿色，两面均无毛；羽状脉，侧脉每边7～9条，纤细，在叶上面稍明显，下面略凸起，中脉在上面下陷，下面凸起，网脉在叶下面稍明显，叶柄长2～3cm，稍强壮，无毛。

花 伞形花序梗长3～4mm，被黄褐色丝状柔毛；苞片4，外面具微柔毛；每一伞形花序有花4～5朵；花梗被柔毛；雄花花被裂片6，披针形或倒披针形至长圆形，长4mm，宽1.5～2mm，外面有短柔毛，内面无毛；能育雄蕊9，花丝长，外露，有黄褐色短柔毛，腺体圆形，有短柄；退化雌蕊被黄褐色短柔毛。雌花中退化雄蕊有柔毛；子房卵圆形，有黄褐色短柔毛，花柱外露，柱头盾状。

果 果近圆或扁球形，直径约1.5cm；果托杯状，深约1.2cm，直径约2cm，先端平截，质薄；果梗长约1cm，粗2～3mm，无毛。

引种信息

西双版纳热带植物园 2008年从云南景洪市悠乐山引种苗（引种号00,2008,0840）。生长速度快，长势好。

物候

西双版纳热带植物园 全年零星展叶；7月中旬始花，7月下旬盛花，8月上旬末花；8月上旬果熟。

迁地栽培要点

喜温暖湿润的生长环境，对土壤要求不严，忌低温，适合在我国热带地区栽培。播种繁殖。病虫害少见。

主要用途

木材可制作家具使用。

植株
树皮
叶背
叶面
花枝
小枝（示棱角）
果枝
Typus in KUN
果

64
杨叶木姜子

Litsea populifolia (Hemsley) Gamble, Sargent, Pl. Wilson. 2: 77. 1914.

植株（冬季）

植株（春季）

自然分布

产四川、云南东北部、西藏东部。生于山地阳坡或河谷两岸，海拔750～2000m。

迁地栽培形态特征

落叶小乔木，高达5m。

茎 树皮绿色，被圆形皮孔；小枝绿色，无毛。

叶 叶互生，常聚生于枝顶，圆形至宽倒卵形，长5～8cm，宽5～7cm，先端圆，基部圆形，厚纸质，上面深绿色，中脉常红色，下面绿白色；羽状脉，侧脉每边5–6条，中脉、侧脉在叶两面均凸起；叶柄长2～4cm，通常红色，无毛。

花 伞形花序常生于枝梢，与叶同时开放；总花梗长3～4mm，被黄色柔毛；每一花序有雄花9～11朵；花梗细长，长1～1.5cm，有稀疏柔毛；花被裂片6，卵形或宽卵形，长约3mm，黄色；能育雄蕊9，花丝无毛，第3轮基部的腺体大，有柄，退化雌蕊无毛。

果 果未见。

引种信息

昆明植物园 2003年引种于云南昭通。生长状况好，长势较好，耐修剪。

武汉植物园 2016年从云南水富市太平镇铜锣坝引种苗（引种号20163562）。生长速度慢，长势一般。

物候

昆明植物园 3月上旬叶芽开始膨大，3月中旬萌芽并开始展叶，4月上旬展叶盛期，4月中旬展叶末期；2月下旬现蕾，3月上旬始花，3月中旬盛花，3月下旬末花；果未见。

武汉植物园 4月上旬开始展叶，4月中旬至下旬展叶盛期、末期；花果未见。

迁地栽培要点

喜阴凉环境，耐寒性强，尤忌高温和干旱，适合我国暖温带至中亚热带之间海拔1000~2000m的区域栽培。繁殖以播种为主。病虫害少见。

主要用途

花朵黄色，新叶紫红色，可栽培观赏；叶、果实可提芳香油，用于化妆品及皂用香精。

叶背 叶面 新枝 新叶 花枝 顶芽（秋季） 花特写 花特写 花序

65
木姜子

Litsea pungens Hemsley, J. Linn. Soc., Bot. 26: 384. 1891.

自然分布

产湖北、湖南、广东北部、广西、四川、贵州、云南、西藏、甘肃、陕西、河南、山西南部、浙江南部。生于溪旁和山地阳坡杂木林中或林缘，海拔800～2300m。

迁地栽培形态特征

落叶乔木，树高达10m。

茎 树皮绿色，密被纵向开裂皮孔；幼枝绿色，密被短柔毛，后脱落至无毛；顶芽圆锥形，鳞片无毛。

叶 叶互生，形状、大小变异大，常倒卵状披针形或倒卵形，长4～15cm，宽2～5.5（8）cm，先端短尖，基部楔形至宽楔形，膜质，上面深绿色，有光泽，下面灰绿色，晦暗，幼叶下面具绢状柔毛，后脱落渐变无毛或沿中脉有稀疏毛；羽状脉，侧脉每边5～7条，叶脉在两面均凸起；叶柄长1～2cm，初时有柔毛，后脱落渐变无毛。

花 伞形花序腋生；总花梗长5～8mm，无毛；每一花序有雄花8～12朵，先叶开放；花梗长5～6mm，被丝状柔毛；花被裂片6，黄色，倒卵形，长2.5mm，外面有稀疏柔毛；能育雄蕊9，花丝仅基部有柔毛，第3轮基部有黄色腺体，圆形；退化雌蕊细小，无毛。

果 果未见。

引种信息

武汉植物园 引种信息不详。生长速度极快，长势好。

物候

武汉植物园 2月中旬叶芽开始膨大，2月下旬萌芽，3月上旬展叶始期、盛期、末期；2月中旬现蕾、始花，2月下旬盛花，3月上旬末花；12月中旬开始落叶；果实未见。

迁地栽培要点

适应性好，喜半阳生境，耐寒性极强，能抵御-8℃的低温，也耐一定程度高温，但夏季忌阳光暴晒，我国黄河流域以南地区均可栽培。播种繁殖。病虫害少见。

主要用途

果含芳香油，可作食用香精和化妆香精；种子含脂肪油，供制皂和工业用。

植株（春季）
树皮
叶背
叶面
花枝
花枝
花序
花序

66
滇木姜子

Litsea rubescens var. ***yunnanensis*** Lecomte, Nouv. Arch. Mus. Hist. Nat., sér. 5. 5: 86. 1913.

自然分布

产云南东北及西北、贵州。生于山坡林下或灌丛中，海拔2390～3400m。

迁地栽培形态特征

落叶灌木或小乔木，高达10m。

茎 树皮绿色，密被纵向开裂的皮孔；小枝无毛，常红色；顶芽圆锥形，鳞片无毛或仅上部有稀疏短柔毛。

叶 叶互生，椭圆形或披针状椭圆形，长4～6cm，宽1.7～3.5cm，两端渐狭或先端圆钝，膜质，上面绿色，下面淡绿色，两面均无毛；羽状脉，侧脉每边5～7条，直展，在近叶缘处弧曲，中脉、侧脉于叶两面凸起；叶柄长12～16mm，无毛；叶脉、叶柄常为淡红色。

花 伞形花序腋生；总梗长5～10mm，无毛；每一花序有雄花15～20朵或有时更多，先叶开放或与叶同时开放，花梗长3～4mm，密被灰黄色柔毛；花被裂片6，黄色，宽椭圆形，长约2mm，先端钝圆，外面中肋有微毛或近于无毛，内面无毛；能育雄蕊9，花丝短，无毛，第3轮基部腺体小，黄色，退化雌蕊细小，柱头2裂。雌花未见。

果 果未见。

引种信息

昆明植物园 1979年引种于云南昭通。生长速度缓慢,长势一般。

物候

昆明植物园 2月下旬叶芽萌动，3月上旬展叶始期，3月下旬展叶盛期，4月上旬展叶末期；2月中旬现蕾，3月上旬始花、盛花，3月下旬末花；果未见。

迁地栽培要点

喜阴凉的生长环境，适生于深厚、排水良好的酸性红壤、黄壤，对高温、暴晒、干旱都较为敏感，适合在我国中、北亚热带栽培。播种繁殖。病虫害少见。

主要用途

果皮油为香料；根、茎、叶、果均可入药，可用于治疗肠胃炎；树形笔直且优美，春季先花后叶，黄花甚为壮观，可作为优良的园林绿化树种。

整株（花期）
树皮
叶
花枝
花枝
花特写
花序
花序

67
轮叶木姜子

Litsea verticillata Hance，J. Bot. 21: 356. 1883.

叶背

叶面

自然分布

产广东、广西、云南南部。生于山谷、溪旁、灌丛中或杂木林中，海拔1300m以下。越南、柬埔寨也有分布。

迁地栽培形态特征

常绿灌木或小乔木，高达5m。

茎 树皮灰色。小枝灰褐色，密被黄色长硬毛，后渐脱落至无毛。顶芽卵圆形，鳞片外面密被黄褐色柔毛。

叶 叶4~6枚轮生，披针形或倒披针状长椭圆形，长7~16cm，宽2~4.5cm，先端渐尖，基部楔形，薄革质，上面绿色，初时中脉有短柔毛，边缘有长柔毛，后渐脱落，下面淡灰绿色，被黄褐色柔毛；羽状脉，侧脉每边12~14条，中脉在叶上面下陷，下面凸起，侧脉在上面微突或平，下面凸起；叶柄长2~5mm，密被黄褐色长柔毛。

花 伞形花序2~10个集生于小枝顶部；苞片4~7，外面有灰褐色丝状短柔毛；每一花序有花5~8朵，淡黄色，近于无梗；雄花花被裂片6（4），披针形，外面中肋有长柔毛；能育雄蕊9，花丝较长，外露，有长柔毛，第3轮基部的腺体盾状心形；无退化雌蕊。雌花子房卵形或椭圆形，花柱细长，柱头大，3裂。

果 果未见。

引种信息

武汉植物园 引种信息不详。生长速度慢，长势差。

物候

武汉植物园 8月中旬萌芽，8月下旬开始展叶，9月上旬展叶盛期、末期；9月下旬现蕾，10月中旬至12月中旬零星开花，无明显盛花期；果未见。

迁地栽培要点

喜暖热潮湿环境，耐高温，但抗寒性差，-4℃有明显冻害，温度更低时致死，适合我国南亚热带及以南地区栽培。播种繁殖。病虫害少见。

主要用途

根、叶甘凉，民间用来治跌打积瘀、胸痛、风湿痹痛、妇女经痛；叶外敷治骨折、蛇伤。

花特写

花序

润楠属

Machilus Rumphius ex Nees, Wallich Pl. Asiat. Rar. 2: 61, 70. 1831.

常绿乔木或灌木；顶芽常具覆瓦状排列的鳞片；叶互生，全缘，羽状脉；花两性，为顶生或近项生的聚伞状圆锥花序，后者于开花后由于新枝伸长而明显生于枝条下部。花被筒短小，花被裂片6，排成二轮，等大或近等大，或外轮的较小，通常花后不脱落；能育雄蕊9，排成三轮，第一、二轮无腺体而花药内向，但少数种类有变异而具腺体，第三轮有2个通常具柄的腺体而花药外向，或下方2室外向，上方2室内向或侧向，花药4室，室成对叠生；退化雄蕊3，位于最内轮，箭头形，具短柄；子房无柄，花柱伸长，柱头小，盘状或头状；果为浆果状核果，球形或椭圆形，基部为宿存、开展或反折的花被裂片所围绕；果梗不增粗或略增粗。

约100种，分布于东南亚或南亚，我国有82种（其中63个种为特有种），产西南、中南部至台湾，北达山东、湖北及甘肃和陕西南部。

润楠属分种检索表

1a. 花被裂片外面无毛。
  2a. 果椭圆形……………………………………………………………………87. **滇润楠 *M. yunnanensis***
  2b. 果球形或近球形……………………………………………………………………85. **红楠 *M. thunbergii***
1b. 花被裂片外面有茸毛或有柔毛、绢毛。
  3a. 花被裂片外面有茸毛。
    4a. 花被片外毛被明显，果熟时果梗不膨大，红色较淡，叶片背后横脉可见。…………………………………………………………………………………………86. **绒毛润楠 *M. velutina***
    4b. 本种花被片外毛被不明显，果梗膨大粗壮，鲜红色，叶片背后横脉不明显…………………………………………………………………………………………72. **黄绒润楠 *M. grijsii***
  3b. 花被裂片外面有柔毛或绢毛。
    5a. 外轮花被片外面无毛、内面疏被短柔毛，内轮花被片外面被小柔毛，内面被长柔毛…………………………………………………………………………………………77. **小花润楠 *M. minutiflora***
    5b. 内外轮外面均被柔毛或绢毛。
      6a. 果较小，直径在1.2cm以下；花常较小。
        7a. 圆锥花序通常生当年生枝下端。
          8a. 叶下面无毛，或有时有微小绢毛。
            9a. 侧脉每边10～12条，叶倒披针形，先端尾状渐尖……………………………………………………………………69. **浙江润楠 *M. chekiangensis***
            9b. 侧脉每边12～17条，叶先端渐尖或短渐尖……………………71. **长梗润楠 *M. duthiei***
          8b. 叶下面有毛。
            10a. 叶下面有柔毛、小柔毛，肉眼可见……………………75. **利川润楠 *M. lichuanensis***
            10b. 叶下面有小柔毛、微柔毛或绢毛，在放大镜下可见。
              11a. 小枝或嫩枝有毛……………………………………70. **黄毛润楠 *M. chrysotricha***
              11b. 小枝或嫩枝无毛。
                12a. 果扁球形……………………………………………………78. **润楠 *M. nanmu***
                12b. 果球形。
                  13a. 顶芽芽鳞外面被棕色或黄棕色小柔毛；木材薄片浸水有黏液………………………………………………………………81. **刨花润楠 *M. pauhoi***
                  13b. 顶芽外面被毛不为棕色或黄棕色。
                    14a. 顶芽大，直径可达2cm，芽鳞外面密被绢毛；叶长达24～32cm，侧脉每边可达20（24）条……………………………74. **薄叶润楠 *M. leptophylla***
                    14b. 顶芽小得多，芽鳞外面有易脱落的灰白色小柔毛；叶通常长达16cm，侧脉每边12～17条………………………………73. **宜昌润楠 *M. ichangensis***
        7b. 圆锥花序顶生或近顶生。
          15a. 叶下面被柔毛……………………………………………………79. **建润楠 *M. oreophila***
          15b. 叶下面无毛。
            16a. 花被裂片较薄，长圆形，长4～5mm，内、外两轮近等长；叶较薄，上面有蜂巢状浅窝穴，侧脉略浮凸……………………………………83. **柳叶润楠 *M. salicina***
            16b. 花被裂片近革质，卵圆形或卵形，内轮裂片长约3.5mm，外轮裂片显然较短，长2.5mm；叶较厚，上面平滑，侧脉微凹……………80. **赛短花润楠 *M. parabreviflora***
      6b. 果大，直径在1.3cm以上；花常较大。
        17a. 果卵形，外轮花被裂片常较小……………………………76. **暗叶润楠 *M. melanophylla***
        17b. 果球形，花被裂片不等大或近等大。
          18a. 花被裂片等大……………………………………………………84. **瑞丽润楠 *M. shweliensis***
          18b. 花被裂片不等大。
            19a. 叶两面无毛……………………………………………………82. **粗壮润楠 *M. robusta***
            19b. 叶下面密被柔毛……………………………………………68. **锈毛润楠 *M. balansae***

68

锈毛润楠

Machilus balansae (Airy Shaw) F. N. Wei et S. C. Tang, Acta Phytotax. sin. 44(4): 441. 2006.

植株

自然分布

产越南谅山。云南南部可能也有分布。

迁地栽培形态特征

乔木，高约10m。

茎 小枝粗壮，直径约4mm，密被黄褐色或锈色茸毛。

叶 叶革质，倒卵状披针形，长20～27cm，宽7～13cm，先端短渐尖，基部狭楔形，上面无毛，下面密被柔毛，中脉粗壮，上面下陷，下面凸起，侧脉斜伸，每边12-14条，上面不明显，下面明显凸起，小脉结成密网状，仅在下面明显；叶柄长2～2.5cm，密被茸毛。

花 花序顶生，多枝，长6～10cm，密被茸毛或柔毛；花梗长5～7mm；花被裂片长圆形或长卵状椭圆形，不等大，两面密被黄褐色柔毛，外轮长约7mm，宽约3.5mm，内轮较长，长约9mm，宽约4mm，第一、二轮花丝长约6mm，无毛，第三轮基部有毛，腺体心形，具柄，退化雄蕊长约3.5mm，箭形，被疏柔毛；子房卵形，花柱细长，柱头头状。（野外花）

果 果球形，直径约1cm。（野外果）

引种信息

西双版纳热带植物园 2014年从云南河口县引种子（引种号00,2014,0085）。生长速度快，长势良好。

物候

西双版纳热带植物园 全年零星展叶；花果未见。

迁地栽培要点

喜温暖湿润的生长环境，对土壤要求不严，对低温较为敏感，适合在我国热带地区栽培。种子繁殖。病虫害少见。

主要用途

木材可制作家具。

花特写（野外）

花序（野外）

树皮
小枝
叶背
叶面
果序（野外）
Life in Adversity

69

浙江润楠

Machilus chekiangensis S. K. Lee, Acta Phytotax. Sin. 17(2): 53. 1979.

植株

自然分布

产浙江（杭州）、福建、香港。

迁地栽培形态特征

常绿乔木，高达10m。

茎 树皮灰黑色，疏被皮孔；小枝绿色，疏被黄褐色贴伏微柔毛，老枝无毛，散布纵裂的唇形皮孔。

叶 叶常着生小枝顶端，倒披针形，长8～15cm，宽2～3.6cm，先端尾状渐尖，尖头常呈镰状，基部渐狭，革质或薄革质，梢头的叶干时有时呈黄绿色，叶下面初时有贴伏小柔毛，中脉在上面稍凹下，下面凸起，侧脉每边10～12条，小脉纤细，在两面上构成细密的蜂巢状浅穴；叶柄纤细，长8～15mm。

花 圆锥花序生于当年生枝基部，被灰色短柔毛或无毛，长7～18cm；花序梗长5.5～11cm，纤细。花淡黄绿色，径约4mm。花被裂片长圆形，约4mm × 1.2mm，两面被短柔毛。花丝基部无毛或疏被微柔毛；第三轮具近无柄的腺体。退化雄蕊箭头形，基部有毛。子房卵球形。

果 果未见。

引种信息

武汉植物园 2013年从福建南靖县书洋镇引种苗（引种号WY022）。生长速度中等，长势好。

物候

武汉植物园 3月下旬开始展叶并迅速进入展叶盛期、展叶末期；3月下旬现蕾，4月中旬始花、盛花，4月中旬至下旬末花；果实未见。

迁地栽培要点

适应力强，既耐高温，同时也具有较强的抗寒性，稍耐干旱和水涝，适合在我国长江流域及以南地区栽培。播种繁殖。病虫害少见。

主要用途

树形优美，花序梗和果梗红色，可栽培供观赏。

叶背

叶面

树皮
花特写
花序
花序
新叶及花枝

70
黄毛润楠

Machilus chrysotricha H. W. Li, Acta Phytotax. Sin. 17(2): 50. 1979.

自然分布

产云南中部至西北部。生于海拔约1900m的干燥混交林中。

迁地栽培形态特征

乔木，高5–15m。

茎 树皮棕黄色；幼枝具纵条纹，略被金黄色小柔毛，老时有纵裂，近无毛。

叶 叶长圆形至倒卵状长圆形，长9～13cm，宽3.2～4.5cm，先端短渐尖，尖头钝，基部宽楔形，上面无毛，下面主要沿中脉及侧脉被污黄色柔毛；中脉在上面凹陷，下面凸起，侧脉每边8～11条，有时分叉，且多少不规则，两面略明显，近叶缘处消失并网结，横脉和小脉网状，两面多少呈浅蜂巢状小窝穴；叶柄长1.5～2cm，多少被金黄色小柔毛。

花 花序多数，生于当年生无叶嫩枝上，长4～7cm，狭窄，由1～3花的聚伞花序组成，分枝，最下部聚伞花序序梗长达1cm；总梗长2～3.5cm．与各级序轴和花梗均密被污黄色柔毛；花绿黄至白色，长达5.5mm；花梗约与花等长；花被两面密被金黄色小柔毛，花被筒倒圆锥形，短小，长不及1mm，花被裂片长圆形，钝尖，外轮稍短，长约4mm，内轮稍长，长约4.5mm，两者宽约1.9mm；雄蕊基部被长柔毛，第一、二轮雄蕊长约4mm，第三轮稍长，基部1对腺体圆状肾形，柄几长达花丝之半，退化雄蕊连柄长约1.5mm，先端三角状箭头形，柄及基部被柔毛；子房卵珠形，长1.2mm，无毛，花柱丝状，长约3mm，柱头小，头状。（野外花）

果 果圆球形，熟时黑色，有时被白粉，直径达1cm。（野外果）

引种信息

西双版纳热带植物园 2017年从云南勐腊县引种苗（引种号00,2017,0108）。生长速度快，长势中等。

物候

西双版纳热带植物园 全年零星展叶；花果未见。

迁地栽培要点

喜光照条件好、温暖的生长环境，对低温较为敏感，亦不耐水涝；适合在我国中亚热带地区栽培。种子繁殖。病虫害少见。

主要用途

木材可制作家具、农具。

花序（野外）

果枝（野外）

果枝（野外）

植株

树皮

叶背

叶面

71
长梗润楠

Machilus duthiei King ex J. D. Hooker, Fl. Brit. India. 5: 861. 1890.

自然分布

产云南中部至西北部、四川西南部。生沟谷杂木林中。

迁地栽培形态特征

常绿小乔木，高达8m，胸径达30cm。

茎 树皮灰黑色，不裂，疏生皮孔；小枝绿色，圆柱形，稍具棱，无毛；顶芽卵形，具微柔毛。

叶 叶常聚生于枝顶，倒卵状长圆形，长6.5～17（20）cm，宽2.5～5cm，先端长渐尖，基部楔形，薄革质，上面绿色，光亮，无毛，下面淡绿或灰绿色，无毛或被极短绢状毛；中脉上面平坦或稍凹陷，下面凸起，侧脉每边12～17条，两面多少明显，横脉及小脉网状，鲜时两面均不明显，干后两面略呈蜂巢状浅小窝穴；叶柄长1～2cm，无毛。

花 聚伞状圆锥花序多数，生于短枝下部，长（3）5～12cm；总梗长2～6cm，与各级序轴、苞片、小苞片、花梗被绢状小柔毛；花淡绿黄色、淡黄至白色，长达8mm，花被裂片长圆形，长达7mm，顶急尖，外面近无毛至密被绢状小柔毛，内面有时仅上部有小柔毛，花被筒倒锥形，长不及1mm；雄蕊近等长，花丝基部被柔毛，第三轮雄蕊花丝基部有一对圆状肾形腺体，腺体柄长达花丝长的一半；退化雄蕊连柄长约2.5mm，先端三角形，柄被柔毛；子房球形，直径1.5mm，无毛，花柱纤细，长达3.5mm。

果 果球形，直径9～12mm，无毛；果梗红色，先端粗约1mm。

引种信息

昆明植物园 2000年引种于云南昆明西山。因种植地较为郁密，长势较弱。

武汉植物园 2003年引种苗（引种号20033192），引种地不详。生长速度慢，长势一般。

物候

昆明植物园 2月下旬叶芽开始膨大，3月上旬萌芽并开始展叶，3月中旬展叶盛期，3月下旬展叶末期；3月上旬现蕾、始花，3月中旬盛花，3月下旬末花；8月中旬果熟。

武汉植物园 3月中旬至下旬萌芽，3月下旬至4月上旬展叶始期、盛期、末期；花果未见。

迁地栽培要点

成年树喜阳，喜温暖湿润、土壤肥沃的环境，对气温适应能力强，能耐高温及-8℃的低温，适合我国北亚热带、中亚热带地区露天栽培。播种繁殖。病虫害少见。

主要用途

可栽培供观赏。

植株
叶背
叶面
树皮
花特写
花序
果序

72
黄绒润楠

Machilus grijsii Hance, Ann. Sci. Nat., Bot. sér. 4, 18: 226. 1863.

自然分布

产福建、广东、江西、浙江。

迁地栽培形态特征

常绿小乔木，高可达5m。

茎 树皮黄褐色，疏生小皮孔；小枝、芽密被黄褐色短茸毛。

叶 叶倒卵状长圆形，长7.5~14（18）cm，宽3.7~6.5（7）cm，先端短渐尖，基部楔形至阔楔形，厚革质，上面无毛，下面密被黄褐色短茸毛；中脉和侧脉在上面凹下，在下面隆起，侧脉每边8~11条，横脉几不可见；叶柄长7~18mm，密被黄褐色短茸毛。

花 花序短，丛生小枝枝梢，长约3cm，密被黄褐色短茸毛；总梗长1~2.5cm；花梗长约5mm；花被裂片薄，长椭圆形，近相等，长约3.5mm，两面均被茸毛，外轮的较狭；第三轮雄蕊腺体肾形，无柄，生于花丝基部。

果 果球形，紫黑色，直径约10mm。

相似种区分

本种和绒毛润楠（*Machilus velutina* Champion ex Bentham）极为相似，但本种花被片外毛被不明显，果梗膨大粗壮，鲜红色，叶片背后横脉不明显；绒毛润楠花被片外毛被明显，果熟时果梗不膨大，红色较淡，叶片背后横脉可见。

引种信息

桂林植物园 引种信息不详。生长速度中等，长势良好。

杭州植物园 引种信息不详。生长速度中等，长势良好。

武汉植物园 2009年从江西武宁县武陵奇峡引种苗（引种号20090796）；同年从江西井冈山市长坪乡中烟村大坝里林场引种苗（引种号20094381）。生长速度快，长势好。

物候

桂林植物园 3月上旬开始展叶，3月中旬展叶盛期、末期；2月下旬始花，3月上旬盛花、末花；5月上旬果熟。

杭州植物园 2月至3月中旬叶芽开始膨大，3月下旬萌芽、开始展叶，4月上旬展叶盛期、末期；3月上旬现蕾，3月中旬始花，3月下旬盛花，4月上旬末花；果未见。

武汉植物园 2月中旬萌芽，3月上旬开始展叶，3月中旬展叶盛期，3月中旬至下旬展叶末期；2月下旬现蕾、始花，3月上旬盛花，3月中旬末花；4月下旬至5月上旬果熟。

迁地栽培要点

喜阳，能耐40℃高温，-8℃低温时也未受冻害，适合在我国亚热带地区栽培。种子繁殖。病虫害少见。

主要用途

花序繁密，果序红艳，皆有较高观赏价值，可栽培做园林植物。

植株　叶背　叶面　树皮　花特写　花序　新叶及花序　果　果序　果枝

73
宜昌润楠

Machilus ichangensis Rehder et E. H. Wilson, Sargent Pl. Wilson. 2: 621. 1916.

植株　树皮

自然分布

产湖北、四川、陕西南部、甘肃西部。生于海拔560～1400m的山坡或山谷的疏林内。

迁地栽培形态特征

常绿乔木，高达15m。

茎 树皮灰褐色，不裂，密生扁平皮孔。小枝绿色，有棱，无毛。顶芽近球形，芽鳞边缘密被褐色柔毛。

叶 叶常着生小枝顶端，倒卵状披针形至长圆状披针形，长10～18（24）cm，宽2～6cm，先端渐尖，尖头常呈镰形，基部楔形，近革质，上面无毛，有光泽，下面粉绿色，具白粉，无毛或有贴伏小绢毛；中脉上面平坦或稍凹下，下面明显凸起，侧脉纤细，每边9～17条，上面稍凸起，下面较上面明显，横行脉鲜时两面几不可见；叶柄纤细，长0.8～2cm，无毛。

花 圆锥花序生自当年生枝基部脱落苞片的腋内，长5～9cm，有灰黄色贴伏小绢毛或变无毛，总梗纤细，长2.2～5cm，带紫红色，约在中部分枝，下部分枝有花2～3朵，较上部的有花1朵；花梗长5～7（～9）mm，有贴伏小绢毛；花白色，花被裂片长5～6mm，外面和内面上端有贴伏小绢毛，先端钝圆，外轮的稍狭；雄蕊较花被稍短，近等长，花丝长约2.5mm，无毛；花药长圆形，长约1.5mm，第三轮雄蕊腺体近球形，有柄；退化雄蕊三角形，稍尖，基部平截，连柄长约1.8mm；子房近球形，无毛；花柱长3mm，柱头小，头状。

果 果序长6～9cm；果近球形，直径约1cm，绿色转墨绿色至黑色，有小尖头；果梗不增大。（未成熟果）

引种信息

峨眉山生物站 2012年4月18日从湖北恩施引种苗（引种号12-1129-HB）。生长速度快，长势好。

武汉植物园 2004年从湖北房县杜川村引种苗（引种号20042327）；2009年从陕西汉中市佛坪县岳坝乡大古坪村引种苗（引种号20094193）。生长速度快，长势好。

南京中山植物园 引种信息不详。生长速度中等，长势良好。

物候

峨眉山生物站 3月上旬萌芽，3月下旬开始展叶，4月展叶盛期；花果未见。

武汉植物园 2月下旬萌芽并开始展叶，3月中旬展叶盛期，3月中旬至下旬展叶末期；2月下旬现蕾，3月中旬至下旬始花，3月下旬盛花，4月上旬末花；果未熟先落。

南京中山植物园 3月下旬萌芽，4月上旬开始展叶，4月中旬展叶盛期，4月下旬展叶末期；3月下旬现蕾，4月上旬始花，4月中旬盛花，4月下旬末花；6月上旬果熟。

迁地栽培要点

喜阳，能耐40℃高温，-8℃时部分植株有中等程度冻害，稍耐干旱但不耐水涝，适合我国暖温带至中亚热带之间地区栽培。播种繁殖。病虫害少见。

主要用途

树干通直，枝叶繁茂，且四季常青，可做园林绿化树种。

叶背

叶面

花枝
花枝
花序
花序
花特写
花特写
果序
果序

74 薄叶润楠

Machilus leptophylla Handel-Mazzetti, Symb. Sin. 7: 252. 1931.

植株　树皮

自然分布

产福建、浙江、江苏、湖南、广东、广西、贵州。生于海拔450～1200m阴坡谷地混交林中。

迁地栽培形态特征

常绿乔木，高达28m。

茎 树皮灰白色，不裂，密被皮孔；小枝绿色，粗壮，幼枝有棱，二年生枝圆柱形，散布椭圆形纵裂皮孔，枝无毛；冬芽卵形，开放前长可达2.5cm，几无毛。

叶 叶常聚集在当年生枝顶着生，倒卵状长圆形，长14~24（32）cm，宽3.5~8cm，先端短渐尖，基部楔形至阔楔形，薄革质，上面深绿色，无毛，有光泽，下面带灰白色，晦暗，有放大镜可见的细微白色或淡黄色绢毛，脉上较明显，后渐脱落；中脉在上面凹下，在下面显著凸起，侧脉每边14~20（24）条，上面平坦或微凹，下面显著凸起，横脉下面鲜时稍明显，不连接成网状；叶柄稍粗，长1~3cm，无毛。

花 圆锥花序6~10个，聚生嫩枝的基部，长8~12（15）cm，柔弱，多花；花通常3朵生在一起，总梗、分枝和花梗略具微细灰色微柔毛；花长7mm，白色，干后银灰色，花梗丝状，长约5mm；花被裂片几等长，有透明油腺，长圆状椭圆形，先端急尖，花后平展，背上有粉质柔毛，内面有很稀疏的小柔毛或无毛，边缘有微小睫毛，外轮的稍宽；能育雄蕊药室顶上有短尖，花丝近线状，基部有簇毛；第一、二轮雄蕊花药的上2室由于隔膜不完整往往变成1室，以单片活瓣开裂，下2室较长，顶部斜向上升；第三轮雄蕊长4~5mm，花药下2室较长，外向，上2室内向，腺体大，圆肾状，有短柄；退化雄蕊长1.8~2mm，柄圆柱形，上部略增大，先端三角形，顶锐尖。

果 果球形，直径约1cm；果梗长5~10mm。

相似种区分

本种与刨花润楠（*Machilus pauhoi* Kanehira）相似，但本种冬芽光滑无毛，后者芽鳞密被棕色或黄棕色短柔毛，可以区分。

引种信息

杭州植物园 引种信息不详。生长速度较快，长势好。

武汉植物园 引种信息不详。生长速度快，长势好。

上海辰山植物园 2008年12月11日从浙江开化县古田山引种苗（登记号20081925）；2012年3月10日从安徽黄山市林科所引种苗（登记号20121208）。生长速度较快，长势良好。

南京中山植物园 引种信息不详。生长速度快，长势良好。

物候

杭州植物园 2~3月上旬叶芽开始膨大，4月上旬开始展叶，4月中旬展叶盛期，4月下旬展叶末期；4月上旬始花，4月中旬盛花，4月下旬末花；果实未见。

武汉植物园 3月下旬至4月上旬萌芽，3月下旬至4月中旬开始展叶，4月中旬展叶盛期、末期；3月下旬现蕾，4月上旬至中旬始花，4月中旬盛花，4月中旬至下旬末花；6月中旬果熟。

上海辰山植物园 3月上旬花芽萌动，4月中旬始花，4月下旬至5月上旬盛花；8月下旬果熟。

南京中山植物园 4月上中旬萌芽，4月中旬展叶始期，4月下旬展叶盛期，5月上旬展叶末期；花果未见。

迁地栽培要点

适应性极强，喜光，喜肥沃湿润的酸性黄壤，可耐40℃高温和-8℃严寒，非常适合我国亚热带地区栽培。种子繁殖。病虫害少见。

主要用途

树形开展，层次感强，可做园林绿化观赏植物；树皮可提树脂；种子可榨油。

叶背
叶面
花特写
花枝
花序
顶芽（冬季）
果序
花枝
果枝

75
利川润楠

Machilus lichuanensis W. C. Cheng ex S. K. Lee, Acta Phytotax. Sin. 17(2): 51. 1979.

自然分布

产湖北西部、贵州北部。生于海拔约800m的开旷山丘、山坡、阔叶混交林中或山坡崖边。

迁地栽培形态特征

常绿乔木，高达30m，胸径达1.2m。

茎 树皮灰色，不裂，密被扁平皮孔；小枝绿色，稍扁而具棱角，密被淡棕色柔毛；芽卵形或卵状球形，有锈色茸毛。

叶 叶长椭圆形或狭倒卵形，长7.5～12（15）cm，宽2～4.5（5）cm，先端渐尖，基部楔形，革质，上面绿色，有光泽，仅幼时下端或下端中脉上密被淡棕色柔毛，下面多少被棕色柔毛；侧脉每边8～12条，上面不明显，下面稍明显，横脉两面不可见；叶柄纤细，长1～1.3（2）cm，无毛。

花 聚伞状圆锥花序生当年生枝下端，长4～10cm，自中部或上端分枝，有灰黄色小柔毛；花被裂片等长，长约4mm，两面都密被小柔毛；花丝无毛，花梗纤细，长5～7mm，有小柔毛。

果 果序长5～10cm，被微小柔毛；果扁球形，直径约7mm。（未成熟果）

引种信息

峨眉山生物站 2012年4月18日从湖北恩施市引种苗（引种号12-1128-HB）。生长速度快，长势好。

杭州植物园 2014年从中南林业科技大学引种苗（引种号14C22002-009）。生长速度中等，长势好。

武汉植物园 2004年从湖北利川市茅坝乡联斗村引种苗（引种号20040110）。生长速度快，长势好。

物候

峨眉山生物站 2月下旬萌芽，3月上旬开始展叶，4月上旬至4月中旬展叶盛期；花果未见。

杭州植物园 2～3月下旬叶芽开始膨大，3月下旬萌芽并进入展叶始期、盛期，4月上旬展叶末期；花果未见。

武汉植物园 3月上旬萌芽，3月中旬开始展叶，3月下旬展叶盛期、末期；3月中旬现蕾，3月下旬始花，4月上旬盛花，末花；成熟果未见。

迁地栽培要点

喜阳，可耐40℃高温和-8℃低温，稍耐旱，但不耐水涝，适合我国亚热带地区栽培。种子繁殖。病虫害少见。

主要用途

树形端直、挺拔，新叶红色，四季常绿，可做园林观赏树种。

植株 叶背 叶面 树皮 花特写 花序 花枝 果特写 植株（花期）

76
暗叶润楠

Machilus melanophylla H. W. Li, Acta Phytotax. Sin. 17(2): 54. 1979.

花特写（野外）

自然分布

产云南南部。生于海拔800m左右次生林潮湿处。

迁地栽培形态特征

乔木，高15m。

茎 树皮棕黄色，不裂；枝条棕褐色，常染有黑色斑，皮层纵裂，初被黄褐色微柔毛，后变无毛；芽小，近圆锥形，有黄褐色茸毛。

叶 叶椭圆形，长8～13cm，宽2.5～5cm，先端近短渐尖，尖头钝，基部楔形，革质，上面无毛，下面褐色，疏被黄色微柔毛；中脉上面凹陷，下面凸起，侧脉每边8～10条，上面平坦，下面凸起，横脉及小脉纤细，稠密网状，上面不明显，下面明显；叶柄长1～1.2cm，略被黄褐色微柔毛，黑褐色。

花 圆锥花序近顶生，长3.5～9cm，自中部或中部以上分枝，总梗长2.5～4cm，与各级序轴及果梗密被黄褐色微柔毛；苞片及小苞片早落。（野外花）

果 果卵球形，长达2.2cm，宽达1.8cm；宿存花被片长圆形，先端锐尖，不等大，外轮长5mm，宽2mm，内轮长8mm，宽1.8mm，两面密被黄褐色微柔毛；果梗增粗，径达2mm。（野外果）

引种信息

西双版纳热带植物园 1989年从云南勐腊县补蚌引种子（引种号00,1989,0044）；2010年从云南景洪市大渡岗引种苗（引种号00,2010,0687）。生长速度中等，长势一般。

物候

西双版纳热带植物园 全年零星展叶；花果未见。

迁地栽培要点

喜温暖潮湿的生长环境，对低温和干旱比较敏感，适合在我国热带地区栽培。播种繁殖。病虫害少见。

主要用途

木材可制作家具和农具。

植株 树皮 叶背 叶面 果（野外）

77

小花润楠

Machilus minutiflora (H. W. Li) L. Li, J. Li et H. W. Li, Pl. Diversity Resources 33(2): 158. 2011

自然分布

产云南南部。生于山坡或沟谷疏林或密林中，海拔500～1450m。

迁地栽培形态特征

乔木，通常高7～15（25）m，胸径35cm。

茎 树皮棕黄色，不裂；一年生小枝圆柱形，无毛，老枝常有长圆形皮孔。芽鳞外面无毛，边有缘毛。

叶 叶革质，长圆形或长圆状披针形，长6～15cm，宽2～4.5cm，先端渐尖，基部楔形或近于圆形，两侧常不相等，两面极无毛；中脉上面下陷，下面凸起，侧脉每边6～10条，弧状，纤细，两面略明显，横脉及小脉构成略明显的小网格状；叶柄长7～15mm，无毛。

花 聚伞状圆锥花序多个，近顶生，长（3.5）6～15cm，细弱且无毛；花多而细小，淡黄绿色，长2～3mm，花梗细，长4～6mm或更长；花被片近等大，卵状长圆形，边缘有毛，外轮仅内面疏被短柔毛，内轮外面被小柔毛，内面被长柔毛；能育雄蕊花丝基部有灰白长柔毛，腺体具短柄，着生在第三轮花丝基部，退化雄蕊三角形、具柄并被长柔毛；子房卵形，无毛，花柱纤细，柱头钻状。

果 果球形，直径约8mm；果梗长约6mm，不增粗；宿存花被片略增厚，松散，先端平展或略外倾。

相似种区分

本种近似于竹叶楠［*Phoebe faberi*（Hemsl.）Chun］，但叶革质，下面不为苍白色，侧脉及小脉多少明显，边缘不外反，即使是嫩叶也无毛，花梗长是花的2倍或以上，宿存花被片松散，先端平展或略外倾可以与竹叶楠区分。

引种信息

西双版纳热带植物园 1991年从云省景洪市大勐龙引种子（引种号00,1991,0023）。生长速度慢，长势一般。

物候

西双版纳热带植物园 全年零星展叶；2月上旬至中旬始花，2月下旬盛花，3月上旬末花；4月上旬果熟。

迁地栽培要点

喜温暖湿润的生长环境，忌低温，在光线过强及干旱的情况下亦生长不佳，适合在我国热带地区栽培。种子繁殖。病虫害少见。

主要用途

花量大而集中，花后花梗渐变红色，十分别致美观，可栽培供园林观赏；木材亦可制作家具。

植株
叶背
叶面
树皮
花枝
花序
ST1302
花枝
果枝
果序
果

78
润楠

Machilus nanmu (Oliver) Hemsley, J. Linn. Soc., Bot. 26: 376. 1891.

自然分布

产四川。孤立木或生于林中，海拔1000m或以下。

迁地栽培形态特征

乔木，高达20m。

茎 树皮灰色，不裂；当年生小枝仅基部被灰褐色柔毛，二年生小枝无毛。芽鳞近圆形，外侧密被绢毛，近边缘无毛。

叶 椭圆形或椭圆倒卵形，先端急尖或渐尖，基部楔形，长8～12cm，宽3～5cm，革质，上面绿色，无毛，下面有贴伏小柔毛，嫩叶下面和叶柄密被灰黄色小柔毛；中脉上面凹陷，背面隆起，侧脉8～14对，背面微凸起，网脉不明显；叶柄长1～1.8cm，无毛。

花 圆锥花序着生于当年生小枝的基部，长5～10cm，被灰褐色短柔毛；总梗长3～5cm，花梗纤细，长5～7mm；花小带绿色，长约3mm，直径4～5mm，花被裂片长圆形，外面有绢毛，内面绢毛较稀疏，有纵脉3～5条，第三轮雄蕊的腺体戟形，有柄，退化雄蕊基部有毛；雌蕊长约3mm，无毛，子房卵形，花柱纤细，均无毛，柱头略扩大。

果 扁球状，黑色，直径约7～8mm。

引种信息

峨眉山生物站 2006年2月21日自四川峨眉山引种苗（引种号06-0164-EM；06-0177-EM）。生长速度较快，长势良好。

物候

峨眉山生物站 3月上旬萌芽，3月下旬开始展叶，4月中旬展叶盛期；2月下旬现蕾，3月下旬始花，4月中旬盛花；10月果熟。

迁地栽培要点

适应力强，既耐高温，同时也具有较强的抗寒性，稍耐干旱和水涝，适合在我国长江流域及以南地区栽培。播种繁殖。病虫害少见。

主要用途

树形优美，花序梗和果梗红色，可栽培供观赏；茎干通直，材质极佳，是做建材及家具的良好材料；亦可制作工艺品。

植株
植株
叶面
花枝
植株
果枝
果序

79
建润楠

Machilus oreophila Hance, Ann. Sci. Nat., Bot. sér. 4, 18: 227. 1863.

植株

树皮

自然分布

产福建、广东、湖南南部、广西、贵州南部。生于山谷林边水旁或河边。

迁地栽培形态特征

灌木或小乔木，高达8m。

茎 树皮灰色，密被凸起小皮孔。小枝绿色，被黄棕色茸毛。

叶 叶长披针形，长11～16cm，宽1.5～3cm，先端渐尖，基部楔形，薄革质，上面深绿色，无毛，有光泽，下面粉绿色，有柔毛；中脉在上面凹陷，下面明显凸起，侧脉每边8～10条，上面不明显，下面较明显，小脉成很细密的网状，通常两面明显，形成细致的蜂巢状小窝穴；叶柄稍纤细，长1～1.5cm，初时有茸毛。

花 圆锥花序数个，丛生枝梢，长3.5～6.5cm，在上端分枝，下端2/3不分枝，总轴、分枝、花梗和花被裂片两面有黄棕色小柔毛；花梗长约5mm；花被裂片长圆形，先端钝，外轮的略短小，雄蕊第三轮基部的腺体有短柄。

果 果序生于新枝下端。果球形，直径7～10mm，嫩时绿色，熟时紫黑色；果梗长7～8mm，有小柔毛。

引种信息

杭州植物园 引种信息不详。生长速度中等，长势良好，但易受冻害。

武汉植物园 2013年从广西永福县百寿镇引种苗（引种号20130556）。生长速度快，长势好。

物候

杭州植物园 2月至3月上旬叶芽开始膨大，3月下旬萌芽，4月上旬展叶始期、盛期，4月中旬展叶末期；3月下旬现蕾，4月上旬始花、盛花，4月中旬末花；果未见。

武汉植物园 3月上旬萌芽，3月下旬展叶始期、盛期、末期；3月上旬现蕾，4月上旬始花、盛花、末花；果常未熟先落。

迁地栽培要点

喜光线充足、温暖湿润的生长环境，尤喜砂质土壤，能耐40℃高温，也能耐-3℃左右的低温，耐短时间水涝，干旱条件下生长不良，适合我国亚热带地区栽培，尤其适合水边栽培。种子繁殖。病虫害少见。

主要用途

本种尤其适合生长于河旁水边，适应短时间水涝，可做护岸树种。

80
赛短花润楠

Machilus parabreviflora H. T. Chang, Acta Sci. Nat. Univ. Sunyatseni. 1960(1): 17. 1960.

自然分布

产广西南部。

迁地栽培形态特征

灌木，高约3.5m。

茎 嫩枝无毛，干后黑褐色，老枝灰褐色；顶芽卵形，芽鳞数片，外面密被黄棕色小伏柔毛。

叶 叶聚生于枝梢，线状倒披针形，长6~11（12）cm，宽1~2（2.7）cm，先端尾状渐尖，基部窄楔形下延，革质，上面榄绿色，有光泽，下面灰白色或黄褐色，无毛；中脉上面凹下成窄沟，下面明显凸起，侧脉每边8~10条，上面不显著，下面凸起，网脉在两面上均不明显；叶柄长6~10mm。

花 圆锥花序2~9个近顶生，长2~4cm，无毛或有微柔毛；总梗长1~3cm；花梗长3~5mm；花被裂片两面有微柔毛，外轮的卵圆形，长1.6~2mm，内轮的卵形，长约3mm；雄蕊长约2mm，花丝无毛，第三轮花丝基部有毛且具2个无柄球形腺体，退化雄蕊箭头形，长1mm，有短柄；子房无毛，花柱纤细，长1mm。

果 果球形，直径8mm。（野外果）

引种信息

西双版纳热带植物园 2002年从广西那坡县弄陇引种苗（引种号00,2002,3044）。生长速度慢，长势弱。

物候

西双版纳热带植物园 全年零星展叶；2月中旬始花，2月下旬盛花、末花；果未见。

迁地栽培要点

喜半阴、温暖的生长环境，对土壤要求不严，不耐低温，适合我国南亚热带以南地区栽培。播种繁殖。病虫害少见。

主要用途

可栽培做绿化及观赏。

植株

树皮

叶背

叶面

花序

果枝（野外）

81
刨花润楠

Machilus pauhoi Kanehira, Trop. Woods. 23: 8. 1930.

植株

自然分布

产浙江、福建、江西、湖南、广东、广西等地。生于土壤湿润肥沃的山坡灌丛或山谷疏林中。

迁地栽培形态特征

常绿乔木，高达20m，胸径达30cm。

茎 树皮灰色，浅纵裂，密生扁平皮孔；小枝绿色，具棱，无毛或新枝基部有浅棕色小柔毛；顶芽球形至近卵形，展叶前长达2cm以上，鳞片密被棕色或黄棕色短柔毛。

叶 叶常集生小枝顶端，椭圆形、长椭圆形或倒披针形，长7~15（19）cm，宽2~4.5（5）cm，先端渐尖至长渐尖，基部楔形，革质，上面深绿色，无毛，下面浅绿色，嫩时除中脉和侧脉外密被灰黄色贴伏绢毛，老时仍被贴伏小绢毛及白粉；中脉上面平坦或稍凹下，下面明显凸起，侧脉纤细，每边12~17条，小脉极纤细，鲜时两面不可见，干后结成密网状；叶柄长1.2~1.6（2.5）cm，无毛。

花 聚伞状圆锥花序生当年生枝下部，约与叶近等长，有微小柔毛，疏花，约在中部或上端分枝；

花梗纤细，长8～13mm；花被裂片卵状披针形，长约6mm，先端钝，两面都有小柔毛；雄蕊无毛，第三轮雄蕊的腺体有柄，退化雄蕊约和腺体等长，长约1.5mm；子房无毛，近球形，花柱较子房长，柱头小，头状。

果 果球形，直径约1cm，熟时黑色。

相似种区分

本种与薄叶润楠（*Machilus leptophylla* Handel-Mazzetti）较为相似，区别可参看后者描述。

引种信息

杭州植物园 引种信息不详。生长速度较快，长势良好。

武汉植物园 2004年从重庆石柱县黄鹤镇引种苗（引种号20040428）。生长速度快，长势良好。

上海辰山植物园 2008年12月11日从浙江开化县古田山引种苗（登记号为20081926）。生长速度中等，长势良好。

物候

杭州植物园 2月至3月下旬叶芽开始膨大，3月下旬萌芽，4月上旬展叶始期、盛期、末期；3月中旬始花，3月下旬盛花，4月上旬末花；果实未见。

武汉植物园 2月下旬萌芽并开始展叶，2月下旬至3月上旬展叶盛期、末期；2月下旬现蕾，3月下旬至4月上旬始花、盛花，4月上旬末花；6月上旬至中旬果熟。

上海辰山植物园 3月中旬花芽萌动，3月下旬始花，4月中旬盛花；果未见。

迁地栽培要点

喜湿耐阴，不耐干燥瘠薄，喜酸性红壤、黄壤，土壤pH5～6.5为宜，能耐40℃高温和-8℃低温，适合我国亚热带地区栽培。种子繁殖。偶见炭疽病、卷叶蛾危害。

主要用途

生长迅速，树体高大挺拔，树冠浓郁优美，既是珍贵用材树种，又是优美的庭园观赏、绿化树种；叶片革质，不易燃，是优良的防火树种，可用于防火林带建设；同时具有良好的防风和固土能力，是丘陵低山区理想的生态公益林树种；木材可用于制纸；刨成薄片，浸水产生的黏液，加入石灰水中，可增加石灰的黏着力；种子含油脂，可制造蜡烛和肥皂。

叶背

叶面

花序 花枝 花特写 树皮 果枝 顶芽（冬季）

82
粗壮润楠

Machilus robusta W. W. Smith, Notes Roy. Bot. Gard. Edinburgh. 13: 169. 1921.

植株

自然分布

产云南南部、贵州南部、广西、广东。生于常绿阔叶林或开旷灌丛中，在云南见于海拔1000～1800（2100）m；在贵州、广东、广西见于海拔600～900m。缅甸也有分布。

迁地栽培形态特征

乔木，高达15（20）m，胸径达40cm。

茎 树皮粗糙，黑灰色；枝条粗壮，圆柱形，具纵细沟纹，幼时多少压扁，略被微柔毛，老时变无毛，散布栓质皮孔；芽小，卵形，鳞片浅棕色，外面密被微柔毛。

叶 叶狭椭圆状卵形至倒卵状椭圆形或近长圆形，长10～20（26）cm，宽（2.5）5.5～8.5cm，先端近锐尖，有时短渐尖，基部近圆形或宽楔形，厚革质，两面无毛，上面绿色，下面粉绿色；中脉上面凹陷，下面十分凸起，变红色，侧脉每边（5）7～9条，彼此相距约2.5cm，上面近平坦，下面凸起，弧曲上升，在叶缘之内网结，小脉网状，两面明显，构成蜂巢状小窝穴；叶柄长2.5～5cm。

花 花序生于枝顶和先端叶腋，多数聚集，长4～12（16）cm，多花，分枝；总梗长2.5～11.5cm，粗壮，与各级序轴压扁，且带红色，初时密被蛛丝状短柔毛，后毛被渐稀疏；苞片和小苞片细小，线形或线状披针形，长约3mm，宽约1mm，密被蛛丝状短柔毛，早落；花大，长7～8（10）mm，灰绿、黄绿或黄色；花梗长5～8mm，被短柔毛，带红色：花被筒短小，倒锥形，长约1mm，花被裂片近等大，卵圆状披针形，长6～7（9）mm，宽2～3（3.5）mm，先端锐尖，两面略被小柔毛至近无毛；能育雄蕊第一、二轮长6～7mm，基部有少许柔毛，花药长约2mm，花丝无腺体，或有部分或全部具2腺体；第三轮雄蕊略长，花丝脊上有微毛，基部扁平扩大，有成对具短柄的圆状肾形腺体；退化雄蕊三角状箭形，连柄长达3mm，无毛；子房近球形，长2.5mm，无毛，花柱丝状，柱头小，不明显。

果 果球形，直径达2.5～3cm；未成熟时深绿色，成熟时蓝黑色；宿存花被片不增大；果梗增粗，长1～1.5cm，粗达3mm，深红色。（野外果）

引种信息

西双版纳热带植物园 2001年从云南文山县引种苗（引种号00,2001,3099）。生长速度慢，长势一般。

物候

西双版纳热带植物园 全年零星展叶；1月中旬始花，1月中旬至下旬盛花，1月下旬末花；果未见。

迁地栽培要点

喜光线良好，温暖湿润的生境，对土壤要求不严，但忌低温，适合在我国南亚热带以南地区栽培。种子繁殖。病虫害少见。

主要用途

可以用于园林绿化；木材亦可做建筑用材或制作家具。

果序（野外）
叶背
叶面
树皮
花序
幼果（野外）

83
柳叶润楠

Machilus salicina Hance, J. Bot. 23: 327. 1885.

自然分布

产广东、广西、贵州南部、云南南部。常生于低海拔地区的溪畔河边。中南半岛亦有分布。

迁地栽培形态特征

常绿小乔木，高达6m。

茎 树皮灰黑色，不裂；小枝绿色，无毛。

叶 叶常生于枝条的梢端，线状披针形或倒卵状披针形，长7～16cm，宽1.5～3（3.5）cm，先端渐尖，基部渐狭成楔形，革质，上面无毛，有光泽，下面暗粉绿色，无毛，或嫩叶有时有贴伏微柔毛；中脉上面平坦，下面明显，侧脉极纤细，每边6～11条，上面不甚明显，下面明显，小脉密网状，鲜时两面不明显，干后两面形成蜂巢状浅窝穴；叶柄长7～15mm，无毛。

花 聚伞状圆锥花序多数，生于新枝上端，少分枝，通常长约3cm，无毛，或总梗和各级序轴、花梗被或疏或密的绢状微毛；花黄色或淡黄色，花梗长2～5mm；花被筒倒圆锥形；花被裂片长圆形，外轮的略短小，两面被绢状小柔毛，内面的毛较密，雄蕊花丝被柔毛，基部的毛较密，雄蕊第三轮稍长，腺体圆状肾形，连柄长达花丝的1/2，退化雄蕊先端三角状箭头形，柄密被柔毛；子房近球形，花柱纤细，柱头偏头状。

果 果序疏松，少果，生小枝先端，长3.5～7.5cm，或在热带温暖气候下，新枝继续生长，开花期常抽出新叶，先出果序生于新枝的下端，有时果序与叶等长，长有达14cm的；果球形，直径7～10mm，嫩时绿色，熟时紫黑色；果梗红色。

引种信息

桂林植物园 引种信息不详。生长速度快，长势好。

物候

桂林植物园 2月上旬开始展叶，2月中旬展叶盛期、末期；3月上旬始花，3月中旬盛花、末花；5月上旬果熟。

迁地栽培要点

喜光照好、潮湿的生境，能适应一定程度的水涝，适合我国亚热带及以南地区栽培，尤其适合在江河湖泊边栽培作水土保持防护林。种子繁殖。病虫害少见。

主要用途

枝茂叶密，叶片细长，适生水边，可供河沿、湖边、池畔绿化造景用，宜孤植、丛植，也可用做护岸防堤树种。

叶背
花枝
花枝
花序
果枝
幼果

84
瑞丽润楠

Machilus shweliensis W. W. Smith, Notes Roy. Bot. Gard. Edinburgh. 13: 170. 1921.

自然分布

产云南西部。生于海拔1860～2350m的山坡灌丛或疏林中。

迁地栽培形态特征

灌木至乔木，高9～12m。

茎 树皮灰黑色；枝条无毛；有纵向条纹。

叶 叶常绿，常聚生于小枝先端，椭圆形或椭圆状倒披针形，通常长11～18cm，宽2.5～6cm，先端短渐尖，基部楔形，革质，上面稍光亮，下面粉绿，两面无毛；中脉在上面凹陷，下面明显凸起，十分粗壮，带红色，侧脉每边16～20条，在两面上都明显，小脉结成密网状，在上面构成微小的窝穴，下面有时不明显；叶柄中等粗壮，长1.5～1.8cm。

花 花序顶生，基部承有多数复瓦状排列密被黄褐色绢毛的苞片；聚伞状圆锥花序有6～7个，长7～9cm，约在中部分枝，分枝无毛或变无毛；花梗长3～5mm；花被裂片披针形，或狭椭圆形，长4～6mm，两面有绢毛；花药长约3mm，花丝稍被小柔毛，第三轮的腺体心形，具有被小柔毛的长柄，花药外向，退化雄蕊不显著；子房近球形，直径约1.5mm，花柱纤细，长2.5mm；花梗长约4mm。（野外花）

果 果直径2.5cm。（野外果）

引种信息

西双版纳热带植物园 引种信息不详。生长速度快，长势好。

物候

西双版纳热带植物园 全年零星展叶；花果未见。

迁地栽培要点

对土壤要求不严，但喜光，喜温暖环境，对低温敏感，适合在我国南亚热带以南地区栽培。种子繁殖。病虫害少见。

主要用途

可栽培做绿化观赏；木材亦可以做家具和农具。

植株
树皮
叶背
叶面
花枝（野外）
花特写（野外）
花序（野外）
幼果（野外）

85
红楠

Machilus thunbergii Siebold et Zuccarini, Abh. Math.-Phys. Cl. Königl. Bayer. Akad. Wiss. 4(3): 302. 1846.

植株　树皮

自然分布

产山东、江苏、浙江、安徽、台湾、福建、江西、湖南、广东、广西。生于山地阔叶混交林中。日本、朝鲜也有分布。

迁地栽培形态特征

常绿乔木，高达15m。

茎 树皮灰色，密生皮孔；幼枝绿色，无毛，稍具棱角；顶芽卵形，鳞片边缘具棕色柔毛。

叶 叶倒卵形至倒卵状披针形，长4.5～11（13）cm，宽1.7～4.2cm，先端短突尖或短渐尖，基部楔形，厚革质，上面黑绿色，极具光泽，下面粉白色，具白粉；中脉上面稍凹下，下面明显凸起，侧脉每边7～12条，斜向上升，稍直，侧脉间有不规则的横行脉，两面常不太明显；叶柄纤细，长1～3.5cm，上面有浅槽，常呈红色。

花 花序顶生或在新枝上腋生，无毛，长5～11.8cm，在上端分枝；多花，总梗占全长的2/3，带紫红色，下部的分枝常有花3朵，上部的分枝花较少；苞片卵形，有棕红色贴伏茸毛；花被裂片长圆形，长约5mm，外轮的较狭，略短，先端急尖，外面无毛，内面上端有小柔毛；花丝无毛，第三轮腺体有柄，退化雄蕊基部有硬毛；子房球形，无毛；花柱细长，柱头头状；花梗长8～15mm。

果 果扁球形，直径8～10mm，初时绿色，后变黑紫色；果梗鲜红色。

引种信息

杭州植物园 引种信息不详。生长速度较快，长势良好。

武汉植物园 2007年从广西桂林市引种苗（引种号20070522）。生长速度快，长势好。

上海辰山植物园 2006年8月9日从浙江安吉县龙王山水电站采集种子（引种登记号20060685）；2006年12月1日从浙江舟山市普陀区桃花镇客浦村引种苗（登记号20060012）；2008年从浙江舟山市西风岙引种苗（登记号20081770）。生长速度较快，长势良好。

南京中山植物园 1960年从安徽黄山引种（引种号II131-603）。生长速度中等，长势良好。

物候

杭州植物园 2月至3月中旬叶芽开始膨大，3月下旬萌芽并开始展叶，4月上旬展叶盛期、末期；3月中旬始花，3月下旬盛花，4月上旬末花；果实未见。

武汉植物园 3月上旬萌芽，3月中旬展叶始期、盛期，3月中旬至下旬展叶末期；花果未见。

上海辰山植物园 3月上旬萌芽，3月下旬红色新叶展开；3月上旬花芽萌动，3月下旬始花，4月上旬至中旬盛花，4月下旬末花；7月果实成熟。

南京中山植物园 3月下旬叶芽萌动，4月上旬开始展叶，4月中旬展叶盛期，4月下旬展叶末期；4月上旬现蕾，4月上中旬始花，4月下旬盛花，5月上旬末花；9月下旬果熟。

迁地栽培要点

较耐阴，喜温暖湿润气候，也颇耐寒，为本属耐寒性最强树种，抗海潮风，喜深厚肥沃的中性或酸性土，适合我国暖温带及亚热带地区栽培。种子繁殖。偶见炭疽病危害。

主要用途

树形端庄，枝叶茂密，新叶及果梗鲜红色，是优良的园林观赏树种；木材供建筑、家具、小船、胶合板、雕刻等用；叶可提取芳香油；种子油可制肥皂和润滑油；树皮入药，有舒筋活络之效。

叶背

叶面

花序

花特写

幼果

果序

86
绒毛润楠

Machilus velutina Champion ex Bentham, Hooker's J. Bot. Kew Gard. Misc. 5: 198. 1853.

植株

叶背

自然分布

产广东、广西、福建、江西、浙江。中南半岛也有分布。

迁地栽培形态特征

乔木，高可达18m，胸径40cm。

茎 树皮灰白色，不裂；枝、芽、花序均密被黄褐色茸毛。

叶 叶狭倒卵形、长椭圆形或长卵形，长5~15（18）cm，宽3~5（6）cm，先端渐尖或短渐尖，基部楔形至阔楔形，厚革质，上面除中脉基部外无毛，有光泽，下面密被黄褐色茸毛；上面中脉及侧脉稍凹下，下面均凸起明显，侧脉每边8~11条，横脉纤细，下面明显可见；叶柄长1~2.5（3）cm，密被黄褐色茸毛。

花 花序单独顶生或数个密集在小枝顶端，近无总梗，分枝多而短，近似团伞花序；花黄绿色，有香味，被锈色茸毛；内轮花被裂片卵形，长约6mm，宽约3mm，外轮的较小且较狭；雄蕊长约5mm，第三轮雄蕊花丝基部有茸毛；腺体心形，有柄；退化雄蕊长约2mm，有茸毛；子房淡红色。

果 果未见。

相似种区分

本种与黄绒润楠（*Machilus grijsii* Hance）极为相似，区别可参看后者描述。

引种信息

武汉植物园 2007年从广西桂林市引种苗（引种号20070305）。生长速度快，长势好。

物候

武汉植物园 3月中旬萌芽并开始展叶，3月下旬展叶盛期、末期；10月下旬现蕾，11月上旬始花，11月中旬盛花，11月下旬末花；果未见。

迁地栽培要点

喜偏酸性至中性土壤，耐40℃高温，短时间-8℃时未见冻害，稍耐旱，不耐水涝，适合我国亚热带地区栽培。种子繁殖为主。病虫害少见。

主要用途

花期花量集中，十分壮观，适合栽培做观赏；本种材质坚硬，耐水湿，可做家具和薪炭等用材。

87
滇润楠

Machilus yunnanensis Lecomte, Nouv. Arch. Mus. Hist. Nat., sér. 5. 5: 100. 1913.

自然分布

产云南中部、西部至西北部和四川西部。生于山地海拔1500～2000m的山地常绿阔叶林中。

迁地栽培形态特征

乔木，高达30m，胸径达80cm。

茎 树皮灰黑色，浅纵裂；枝条圆柱形，具纵向条纹，幼时绿色，老时褐色，无毛。

叶 叶互生，疏离，倒卵形或倒卵状椭圆形，间或椭圆形，长（5）7～9（12）厘米，宽（2）3.5～4（5）cm，先端短渐尖，尖头钝，基部楔形，两侧有时不对称，革质，上面绿色或黄绿色，光亮，下面淡绿色或粉绿色，两面均无毛，边缘软骨质而背卷；中脉上面下部略凹陷，但上部近于平坦，下面明显凸起，侧脉每边7～9条，有时分叉，弧曲，两面凸起，横脉及小脉网状，两面明显构成蜂巢状窝穴；叶柄长1～1.75cm，腹面具槽，背面圆形，无毛。

花 花序由1～3花的聚伞花序组成，有时圆锥花序上部或全部的聚伞花序仅具1花，后者花序呈假总状花序，花序长（2）3.5～7（9）cm，多数，生于短枝下部，总梗长（1）1.5～3（3.5）cm，与各级序轴及花梗无毛；苞片及小苞片早落，苞片宽卵形或近圆形，长5～8mm，外层苞片较小，外面密被锈色柔毛，内面近无毛，小苞片线形，长达4mm，宽仅0.3mm，外面被锈色柔毛。花淡绿色、黄绿色或黄玉白色，长4～5mm，花梗长4～10mm；花被外面无毛，内面被柔毛，筒倒锥形，长约1mm，花被裂片长圆形，先端锐尖，外轮稍短，长3.5～4mm，内轮长4～4.5mm，宽不及2mm；花丝基部被柔毛，第三轮雄蕊稍长，花丝基部有成对具柄的圆状肾形腺体，柄长达花丝之半，基部被柔毛；子房卵珠形，无毛，长1.5mm，花柱丝状，与子房近等长，柱头小，头状。

果 果椭圆形，长约1.4cm，先端具小尖头，熟时黑蓝色，具白粉，无毛；宿存花被裂片不增大，反折；果梗不增粗，顶端粗约1.2mm。

引种信息

西双版纳热带植物园 引种信息不详。生长速度中等，长势一般。

昆明植物园 1972年引种于云南昆明黑龙潭。生长速度较慢，长势一般。

物候

西双版纳热带植物园 全年零星展叶；4月上旬始花，4月中旬盛花、末花；8月中旬果熟。

昆明植物园 3月下旬叶芽开始膨大，4月上旬萌芽并开始展叶，4月中旬展叶盛期，4月下旬展叶末期；4月上旬现蕾，4月中旬盛花；果未见。

迁地栽培要点

为深根性树种，喜生长在湿润和土壤肥沃的山坡，适合在我国中亚热带和南亚热带地区栽培。播种繁殖。病虫害少见。

主要用途

为建筑、家具的优良用材；亦可栽培做绿化或行道树。

植株 植株 果枝 树皮 花序 花特写 叶面 叶背 果序 果

新樟属

Neocinnamomum H. Liu，Laurac. Chine et Indochine. 82, 86. 1932.

灌木或小乔木；叶互生，二列，三出脉；花小，1至多花组成团伞花序，此花序具梗或近无梗，单个腋生或多数疏离组成腋生或顶生圆锥花序；花被筒十分短小，花被裂片6，近等大，长达2mm，果时厚而稍带肉质；能育雄蕊9，排成三轮，第一、二轮无腺体；第三轮基部有2个腺体，花药4室，上2室内向（第一、二轮雄蕊）或外向（第三轮雄蕊）或全部侧向，下2室较大，侧向，有时全部药室几水平向横排成一列；退化雄蕊3；子房梨形，无柄，向上渐狭成略短的花柱，柱头盘状；果为浆果状核果，果托大而浅，肉质增厚，漏斗状；宿存花被片略增大，直伸或开展；果梗纤细，逐渐向先端增大。

约7种，产不丹、中国、印度、印度尼西亚（苏门答腊）、缅甸、尼泊尔、泰国、越南，我国有5种（其中3种为特有种），产海南、广西、云南、四川及西藏。

新樟属分种检索表

1a. 团伞花序疏离，组成花序轴十分发育的腋生及顶生圆锥花序；叶明显由多数纤细水平向平行排列的横脉与细脉网结成横向伸长的脉网 ················ 88. **滇新樟 *N. caudatum***

1b. 团伞花序单个腋生，具梗或无梗，不组成圆锥花序；叶脉网不横向伸长，呈规则细网脉。

  2a. 枝条无毛 ················ 90. **沧江新樟 *N. mekongense***

  2b. 枝条幼时密被毛 ················ 89. **新樟 *N. delavayi***

88
滇新樟

Neocinnamomum caudatum (Nees) Merrill, Contr. Arnold Arbor. 8: 64. 1934.

自然分布

产云南中部至南部及广西西南部。生于山谷、路旁、溪边、疏林或密林中，海拔500～1800m。

迁地栽培形态特征

常绿乔木，高5～20m。

茎 树皮灰黑色，不甚开裂；枝条圆柱形，干时褐色，有纵向细条纹，被微柔毛；芽小，芽鳞厚而被毛。

叶 叶互生，卵圆形或卵圆状长圆形，先端渐尖，尖头钝，基部楔形、宽楔形至近圆形，坚纸质，两面无毛，上面鲜时绿色干时变褐色，下面鲜时淡绿色干时浅褐色；三出脉，中脉及基生侧脉在上面平坦或稍凹陷下面凸起，横脉多数，纤细，近水平伸出，与细脉网结明显呈伸长的脉网；叶柄长8～12mm，上面略具槽。

花 团伞花序通常5～6花，具长0.5～1mm的总梗，多数，疏离且组成圆锥花序，圆锥花序腋生及顶生，长达10cm，挺直，不分枝或有少数挺直的分枝，分枝长（1.5）2～4cm，序轴上被锈色微柔毛，苞片钻形，长不及1mm，密被锈色微柔毛。花小，黄绿色，长4～8mm；花梗长2～6mm。花被裂片6，近等大，三角状卵圆形，长约1.2mm，稍厚，两面被锈色微柔毛。能育雄蕊9，长约1mm，花药近四方形，花丝被柔毛，与花药近等长，第一、二轮雄蕊无腺体，花药4室，下2室较大，内向或侧内向，上2室小，内向；第三轮雄蕊基部有一对大而无柄的腺体，花药较第一、二轮者稍狭，下2室外向，上2室几与下2室横排成一列，侧向。退化雄蕊小，近无柄。子房椭圆状卵珠形，长不及1mm，花柱稍长，柱头盘状。

果 果长椭圆形，长1.5～2cm，直径达1cm，成熟时红色；果托高脚杯状，宽6～8mm，花被片宿存，凋萎状；果梗向上略增粗，长0.5～1cm。

引种信息

西双版纳热带植物园 2008年从云南勐腊县引种苗（引种号00,2008,1093）。生长速度快，长势好。

昆明植物园 1984年引种于云南文山市广南县。为本地适生树种，生长速度快，长势良好。

物候

西双版纳热带植物园 全年零星展叶；9月下旬至10月上旬始花，10月中旬盛花，11月下旬末花；1月中旬至4月上旬零星有果成熟。

昆明植物园 2月中旬叶芽开始膨大，2月下旬至3月上旬开始展叶，3月下旬展叶盛期，4月上旬展叶末期；无明显盛花期；10月至翌年1月果实逐渐成熟。

迁地栽培要点

喜阳，在昆明耐低温，未见冻害。能耐干旱和瘠薄。适合我国南亚热带及以南地区栽培。种子繁殖。病虫害少见。

主要用途

树冠开展，枝叶自然下垂，优雅美观，可开发为园林绿化树种；叶、根皮或树皮可入药，祛风散寒，活血祛瘀。

89
新樟

Neocinnamomum delavayi (Lecomte) H. Liu, Laurac. Chine et Indochine. 90. 1932.

自然分布

产云南、四川南部及西藏东南部。生于灌丛、林缘、疏林或密林中，沿河谷两岸、沟边或在排水良好的石灰岩上，海拔1100～2300m。

迁地栽培形态特征

常绿灌木，高达5m。

茎 树皮灰褐色；小枝绿色，纤细，圆柱形，初被黄色细绢毛，老时毛被渐脱落；芽小，芽鳞厚而密被黄色或白色绢毛。

叶 叶互生，卵形或宽卵形，长5～11cm，宽3～6cm，先端尾尖，基部圆形，两侧常不对称，近革质，幼时两面密被黄色或白色细绢毛，老时上面变无毛但下面毛被明显，上面绿色，极具光泽，下面苍白色，密被白粉；三出脉，中脉及基生侧脉在上面平或稍凹陷，下面凸起，基生侧脉弧状上升至叶片1/2～3/4处，其余侧脉不明显，横脉细而密集，上面几不可见，下面明显；叶柄长0.5～1cm，腹面有凹槽，密被短而贴生的短柔毛。

花 团伞花序腋生，具（1）4～6（10）花，苞片三角状钻形，长约0.5mm，密被锈色绢质短柔毛。花小，黄绿色；花梗纤细，长5～8mm，密被锈色绢质短柔毛。花被筒极短，花被裂片6，两面密被锈色绢质短柔毛，三角状卵圆形，近等大，外轮长1.8mm，宽1mm，内轮长2.2mm，宽1.4mm，先端均锐尖。能育雄蕊9，第一、二轮雄蕊长约1.25mm，花丝无腺体，花药长方形或卵状长方形，先端钝，稍短于肥厚的花丝，药室4，几横排成一列，上2室内向，下2室侧外向；第三轮雄蕊花丝基部有一对具长柄的圆状肾形腺体，花药4室，上2室小，侧外向，下2室大，外向；退化雄蕊近匙形或卵圆形，具柄，连柄长0.6～0.8mm，柄被柔毛。子房椭圆状卵珠形，无柄，无毛，长约1mm，向上渐狭，花柱短，柱头盘状。

果 果卵球形，长1.5cm，直径0.7～1cm；果托高脚杯状，顶端宽5～8mm，花被片宿存，略增大，凋萎状；果梗纤细，向上渐增大，长0.7～2cm。

引种信息

武汉植物园 2003年引种苗（引种号20033161），引种地不详。生长速度慢，长势差，每年冬季受冻。

物候

武汉植物园 3月上旬开始展叶，3月中旬展叶盛期，3月下旬展叶末期；6月中旬至11月上旬零星开花，无明显盛花期；果常未熟先落。

迁地栽培要点

喜阳，也能适应半阴环境，能耐干旱和瘠薄，对高温适应力强，但抗寒性较差，-4℃时有严重冻害，-8℃低温可导致地上部分全部冻死，适合我国南亚热带及以南地区栽培。种子繁殖。病虫害少见。

主要用途

树冠开展，枝叶自然下垂，优雅美观，可开发为园林绿化树种；枝、叶含芳香油，用于香料及医药工业；果核含脂肪，可供工业用；叶可入药，有祛风湿、舒筋络之效。

90
沧江新樟

Neocinnamomum mekongense (Handel-Mazzetti) Kostermans, Reinwardtia. 9: 93. 1974.

自然分布

产云南西部至西北部、西藏东南部。生于灌丛、林缘、路旁、河边或疏林中，海拔（1400）1700~2300（2700）m。

迁地栽培形态特征

灌木或小乔木，高（1.5）2~5m，有时达10m。

茎 树皮黑棕色；枝条纤细，圆柱形，具纵向条纹，无毛；芽小，卵珠形，芽鳞紧密，宽卵圆形，先端锐尖，略肥厚，略被锈色细绢毛。

叶 叶互生，卵圆形至卵状椭圆形，长（4.5）5~10cm，宽（1.7）2.5~4.5（5）cm，先端尾状渐尖，尖头纤细，长1.5~2cm，基部楔形，坚纸质或近革质，两面无毛，上面绿色，稍光亮，下面苍白色，晦暗；三出脉，中脉及侧脉两面明显，基生侧脉达叶片长3/4，其余侧脉细小，小脉及细脉两面呈细网状，叶柄纤细，长1~1.5cm，腹凹背凸，无毛。

花 团伞花序腋生，被锈色细绢毛，（1）2~5（6）花；苞片细小，三角状钻形，先端锐尖，长不及1mm，被锈色细绢毛。花小，绿黄色，开花时直径约2.5mm；花梗纤细，长5~8（10）mm，具沟，被锈色细绢毛。花被筒短小，长不及1mm，花被裂片6，三角状卵圆形，先端锐尖，近等大，长2mm，宽1.5mm，两面被锈色细绢毛。能育雄蕊9，第一、二轮雄蕊长约1mm，花药宽大，卵状长方形，先端截平，4室，上2室小，内向，下2室大，外侧向，花丝扁平，宽约为花药之半，短于花药很多；第三轮雄蕊长1.2mm，花药长圆形，先端钝或近截平，宽约为第一、二轮雄蕊者之半，4室，上2室小，外向，下2室大，侧外向，花丝扁平，与花药近等宽等长，基部有一对圆状肾形腺体；退化雄蕊小，三角形，具柄，连柄长0.5mm。子房卵球形，长1.2mm，基部圆形，无柄，先端向上渐狭，无毛，花柱短，柱头盘状。

果 果卵球形，长约1.2cm，直径8.5~9mm，先端具小尖突，成熟时红色；果托高脚杯状，顶端宽达7mm，花被片宿存，略增大，凋萎状；果梗纤细，长约1.2cm。

引种信息

西双版纳热带植物园 2009年从云南瑞丽市畹町镇引种苗（引种号00,2009,1099）。生长速度一般，长势差。

物候

西双版纳热带植物园 全年零星展叶；7月上旬至下旬始花，7月下旬盛花，11月上旬末花；12月上旬果熟。

迁地栽培要点

喜光照充足、凉爽的环境，对土壤要求不严，但在高温条件下生长不良，适合在我国中亚热带地区栽培。种子繁殖。病虫害少见。

主要用途

果实红色而别致，可做观果植物应用于园林绿化。

植株　果枝　叶面　树皮　花枝　幼果

新木姜子属

Neolitsea (Bentham et J. D. Hooker) Merrill, Philipp. J. Sci. 1 (Suppl. 1) : 56. 1906.

常绿乔木或灌木；叶互生，极少近对生或近轮生，常聚集于枝梢，通常具离基三出脉，少数种具羽状脉或近离基三出脉；花单性，雌雄异株，为单生或簇生、无梗或具梗的伞形花序；苞片对生，大，迟落；花被裂片4，2轮；雄花：雄蕊6，3轮，第1、2轮无腺体，第3轮的基部有2个具柄腺体；退化雄蕊有或无；所有雄蕊内向，四室；雌花：退化雄蕊6，棍棒状，腺体同雄花；子房上位，花柱明显，柱头盾状；果为浆果状核果，位于稍为扩大、盘状或内陷的果托上，果梗常稍增粗。

约85种，分布于印度、马来西亚至日本，我国有45种（其中35种为特有种），产西南、南部至东部。

新木姜子属分种检索表

1a. 羽状叶脉或间有近似远离三出脉。

  2a. 幼枝无毛……………………………………………………99. **巫山新木姜子 *N. wushanica***

  2b. 幼枝有锈色茸毛或贴伏短柔毛。

    3a. 幼枝密被锈色茸毛；果球形；果托常宿存有花被片……………94. **锈叶新木姜子 *N. cambodiana***

    3b. 幼枝有贴伏灰褐色短柔毛；果椭圆形；果托不残留花被片……………………………………………………96. **簇叶新木姜子 *N. confertifolia***

1b. 离基三出脉或基部三出脉。

  4a. 叶片下面幼时无毛……………………………………………………95. **鸭公树 *N. chui***

  4b. 叶片下面至少幼时被毛。

    5a. 叶片下面被金黄色、棕黄色、棕红色、淡黄色或白色绢状毛。

      6a. 叶柄粗壮，长2～3cm，叶先端短渐尖，尖头钝；果球形，径约1.3cm……………………………………………………98. **舟山新木姜子 *N. sericea***

      6b. 叶柄较细，长0.5～2cm，叶先端尾尖，镰刀状渐尖、渐尖或突尖，尖头不钝；果椭圆形。

        7a. 幼枝、叶柄有毛……………………………91. **浙江新木姜子 *N. aurata* var. *chekiangensis***

        7b. 幼枝、叶柄均无毛……………………………92. **云和新木姜子 *N. aurata* var. *paraciculata***

    5b. 叶片下面被柔毛或茸毛，非绢状毛。

      8a. 叶大，多数长在12cm以上，最长者15～30cm……………………97. **大叶新木姜子 *N. levinei***

      8b. 叶较小，多数长在10cm以下，最长者也不超过13cm……………………………………………………93. **短梗新木姜子 *N. brevipes***

91
浙江新木姜子

Neolitsea aurata* var. *chekiangensis (Nakai) Yen C. Yang et P. H. Huang, Acta Phytotax. Sin. 16(4): 39. 1978.

植株　树皮　顶芽（冬季）

自然分布

产浙江、安徽、江苏、江西及福建。生于山地杂木林中，海拔500～1300m。

迁地栽培形态特征

常绿乔木，高达10m。

茎 树皮灰色至深灰色，疏被皮孔；小枝灰绿色，初时被锈褐色绢毛，后脱落。

叶 单叶互生或集生枝顶，革质至薄革质，披针形至长圆状倒披针形，长6～13cm，宽1～3cm，先端渐尖至尾尖，基部楔形，上面深绿色，有光泽，下面幼时被黄锈色短柔毛，后脱落，有白粉；离基三出脉，中脉上具几对稀疏不明显的羽状侧脉；叶柄长7～12mm，常被黄锈色短柔毛。

花 伞形花序生于二年生小枝叶腋；花黄绿色；雄花花被卵形，长约3mm，外面被锈色柔毛，发育雄蕊6，第3轮花丝基部腺体具柄；雌花较雄花小，花被片长约2mm，第3轮退化雄蕊花丝短小，腺体无柄，柱头白色。

果 果实椭圆形至卵形，长约8mm。(未熟果)

引种信息

杭州植物园 引种信息不详。生长速度中等，长势良好。

物候

杭州植物园 2月至3月上旬叶芽开始膨大，3月中旬萌芽，3月下旬开始展叶并进入展叶盛期，4月上旬展叶末期；2月下旬现蕾，3月上旬始花，3月中旬盛花、末花；成熟果未见。

迁地栽培要点

喜温暖湿润的环境，喜光，较耐旱，能耐高温和-8℃低温，适合我国长江流域及以南地区栽培。种子繁殖。病虫害少见。

主要用途

果核可榨油，供制肥皂和润滑油用，枝叶可蒸馏芳香油，做化妆品原料；树皮民间用来治胃脘胀痛。

叶背　叶面　花苞枝　果枝　果序　花序

92

云和新木姜子

__Neolitsea aurata__ var. ***paraciculata*** (Nakai) Yen C. Yang et P. H. Huang, in Acta Phytotax. Sin. 16(4): 40. 1978.

顶芽（春季）

自然分布

产浙江、江西、湖南、广东北部、广西。生于山地杂木林中，海拔500～1900m。

迁地栽培形态特征

常绿乔木，高达10m，胸径达18cm。

茎 树皮灰色，不裂，密生皮孔；幼枝绿色，纤细，无毛。顶芽卵形，小，鳞片外面被微柔毛或近无毛。

叶 叶常聚生枝顶呈轮生状，长圆形至长圆状披针形，长8～14cm，宽2.5～4cm，先端渐尖或长渐尖，基部楔形，革质，上面绿色，极具光泽，下面苍白色，密被白粉，两面均无毛；离基三出脉，最下一对侧脉伸至叶片中部以上，中脉与侧脉叶上面微凸起，下面凸起，横脉在老叶下面略可见，叶柄长8～12mm，无毛。

花 花未见。

果 果未见。

引种信息

武汉植物园 引种信息不详。生长速度一般，长势中等。

物候

武汉植物园 3月中旬萌芽，3月中旬至下旬开始展叶，3月下旬至4月上旬展叶盛期、末期；花果未见。

迁地栽培要点

喜温暖湿润环境，能耐一定高温，但在阳光暴晒及干旱条件下长势不良，-8℃未见明显冻害，适合我国亚热带地区栽培。播种繁殖。病虫害少见。

主要用途

树形美观，枝叶光滑有光泽，叶背有白粉，适合做观赏植物。

树皮 新叶 叶面 叶背 植株

93
短梗新木姜子

Neolitsea brevipes H. W. Li, Acta Phytotax. Sin. 16(4): 43. 1978.

自然分布

产云南东南部、广西、广东、福建、湖南。生于山地溪旁、灌丛、疏林或常绿阔叶林中，海拔1380～1680m。印度、尼泊尔也有分布。

迁地栽培形态特征

小乔木，高4～10m，胸径8cm。

茎 树皮灰色或灰带褐色，密被细小皮孔；小枝纤细，绿色，幼时密被褐色短柔毛，老时脱落渐变无毛；顶芽圆卵形，鳞片外面密被黄褐色短柔毛。

叶 叶互生或3～5片聚生枝端，椭圆形或长圆状披针形，间有倒卵状椭圆形，长6～12cm，宽2～4cm，先端尾状渐尖，基部楔形、宽楔形至近圆，薄革质，边缘常呈波状，上面绿色，有光泽，除中脉略被微柔毛外，其余无毛，下面粉绿色，初时密被灰黄色柔毛，老时渐变无毛；离基三出脉，侧脉每边3～4条，最下一对侧脉离叶基部3～6mm处发出，有时向叶缘一侧有6～7条小支脉，中脉与最下一对侧脉在上面明显，微凸起，其余侧脉发自中脉中上部，在上面不甚明显，所有脉在下面均凸起；

叶柄长5～8mm，密被褐色短柔毛。

花 伞形花序单生或数个簇生，无总梗；苞片4，外面密被黄色丝状微柔毛；每一花序有花5朵；花梗长1～1.5mm，密被灰黄色短柔毛；花被裂片4，卵形或卵圆形，长约2mm，宽1.5mm，外面中肋有短柔毛；雄花：能育雄蕊6，无毛，第三轮基部腺体圆状心形，具短柄，无退化雌蕊，雌花：退化雄蕊无毛，子房卵圆形，无毛，花柱长1.5mm，柱头盾状，均无毛。

果 果未见。

引种信息

武汉植物园 引种信息不详。生长速度快，长势好。

物候

武汉植物园 3月上旬萌芽，3月中旬开始展叶，3月下旬展叶盛期，4月上旬展叶末期；1月上旬至中旬现蕾，1月上旬至下旬始花，1月中旬至2月上旬盛花、末花；果实未见。

迁地栽培要点

喜温暖湿润、半阴的生长环境，能耐40℃高温和-8℃低温，夏天忌阳光暴晒和干旱，适合我国亚热带地区栽培。种子繁殖。病虫害少见。

主要用途

树干通直，枝叶繁茂，常绿，可做绿化观赏。

植株
叶面
叶背
花苞枝
花序
树皮
顶芽（春季）

94
锈叶新木姜子

Neolitsea cambodiana Lecomte, Notul. Syst. (Paris) 2: 335. 1913.

自然分布

产福建、江西南部、湖南、广东、广西。生于海拔1000m以下的山地混交林中。柬埔寨、老挝也有分布。

迁地栽培形态特征

乔木，高8～12m，胸径10～15cm。

茎 树皮灰褐色，内皮红褐色；小枝轮生或近轮生，幼时密被锈色茸毛；顶芽卵形，鳞片外面被锈色短柔毛。

叶 叶3～5片近轮生，长圆状披针形、长圆状椭圆形或披针形，长10～17cm，宽3.5～6cm，先端近尾状渐尖或突尖，基部楔形，革质，幼叶两面密被锈色茸毛，后毛渐脱落，老叶上面除基部中脉有毛外，其余无毛，暗绿色，有光泽，下面沿脉有柔毛，其余无毛，带苍白色；羽状脉或近似远离基三出脉，侧脉每边4～5条，弯曲上升，中脉、侧脉两面凸起，下面横脉明显；叶柄长1～1.5cm，密被锈色茸毛。

花 伞形花序多个簇生叶腋或枝侧，无总梗或近无总梗；苞片4，外面背脊有柔毛；每一花序有花4～5朵；花梗长约2mm，密被锈色长柔毛；雄花：花被卵形，外面和边缘密被锈色长柔毛，内面基部有长柔毛，能育雄蕊6，外露，花丝基部有长柔毛，第三轮基部的腺体小，具短柄，退化雌蕊无毛，花柱细长；雌花：花被条形或卵状披针形，退化雄蕊基部有柔毛，子房卵圆形，无毛或有稀疏柔毛，花柱有柔毛，柱头2裂。

果 果未见。

引种信息

武汉植物园 引种信息不详。生长速度慢，长势一般。

物候

武汉植物园 2月中旬至下旬萌芽，3月上旬开始展叶，3月中旬展叶盛期、末期；9月下旬现蕾，10月上旬始花，10月中旬盛花，11月上旬至下旬末花；果实未见。

迁地栽培要点

喜阳，能耐高温和-8℃低温，稍耐干旱，适合我国长江流域及以南地区栽培。种子繁殖。病虫害少见。

主要用途

树形端正，枝条被锈色茸毛，新叶被金色或棕红色茸毛，极具观赏价值，可做观赏植物；树皮、枝、叶均含黏质，粉碎后作线香粉，胶合力强，尤以树皮为佳，外销称“大青石粉”，还可作钻探工程的加压剂；树叶还供药用，民间外敷治疮疥。

95
鸭公树

Neolitsea chui Merrill, Lingnan Sci. J. 7: 306. 1931.

自然分布

产广东、广西、湖南、江西、福建、云南东南部。生于山谷或丘陵地的疏林中，海拔500～1400m。

迁地栽培形态特征

常绿乔木，高达18m，胸径达40cm。

茎 树皮灰色，不裂；小枝绿色，有棱，无毛。

叶 叶常聚生枝顶而呈轮生状，各部分均光滑无毛，椭圆形、长椭圆形或卵状椭圆形，长8～16cm，宽2.7～9cm，先端渐尖，基部楔形，稍下延，革质，上面深绿色，有光泽，下面粉绿色或苍白色，被白粉，离基三出脉，侧脉每边3～5条，最下一对侧脉离叶基2～5mm处发出，中脉与侧脉于两面突起，横脉细密，鲜时上面几不可见，下面稍明显；叶柄长2～4cm。

花 伞形花序腋生或侧生，多个密集；总梗极短或无；苞片4，宽卵形，长约3mm，外面有稀疏短柔毛；每一花序有花5～6朵；花梗长4～5mm，被灰色柔毛；花被裂片4，卵形或长圆形，外面基部及中肋被柔毛，内面基部有柔毛；雄花：能育雄蕊6，花丝长约3mm，基部有柔毛，第三轮基部的腺体肾形，退化子房卵形，无毛，花柱有稀疏柔毛；雌花：退化雄蕊基部有柔毛，子房卵形，无毛，花柱有稀疏柔毛。

果 果未见。

引种信息

杭州植物园 2014年从中南林业科技大学引种苗（引种号14C22002-036）。生长速度快，长势好。

武汉植物园 2005年从广西那坡县引种苗（引种号20059163）；2009年从江西龙南县双罗林场引种苗（引种号20094813）。生长速度快，长势好。

物候

杭州植物园 2月至3月上旬叶芽开始膨大，3月中旬萌芽，3月下旬开始展叶并进入展叶盛期、末期；花果未见。

武汉植物园 2月下旬至3月上旬萌芽，2月下旬至3月中旬开始展叶，3月上旬至4月上旬展叶盛期，3月下旬至4月中旬展叶末期；10月中旬现蕾，10月下旬始花，11月上旬盛花，11月中旬至下旬末花；果实未见。

迁地栽培要点

喜光，喜深厚肥沃土壤，耐40℃高温，-8℃时未见冻害，忌水涝，适合我国亚热带地区栽培。种子繁殖。病虫害少见。

主要用途

树形高大挺拔，树干通直，叶片大而有光泽，非常适合做园林观赏树种；果核含油，可供制肥皂和润滑油等用。

植株 叶背 叶面 顶芽（冬季） 花苞枝 花序 花序 新叶 树皮

96
簇叶新木姜子

Neolitsea confertifolia (Hemsley) Merrill, Lingnan Sci. J. 15: 419. 1936.

植株

自然分布

产广东北部、广西东北部、四川、贵州、陕西东南部、河南西南部、湖北、湖南南部、江西西部。生于山地、水旁、灌丛及山谷密林中，海拔460～2000m。

迁地栽培形态特征

小乔木，高3～7m。

茎 树皮灰色，光滑；小枝常4～6条轮生，初时绿色后变浅黄色，疏生细小圆形皮孔，嫩时有灰褐色短柔毛，老时脱落无毛；顶芽常数个聚生，圆锥形，鳞片边缘被锈色绢毛。

叶 叶多数密集枝顶呈轮生状，长圆形、披针形至狭披针形，长5～12cm，宽1.5～3.5cm，先端渐尖或短渐尖，基部楔形，革质，边缘常呈波状，上面深绿色，有光泽，无毛，下面绿苍白色，幼时密被白色绢毛，后渐脱落；羽状脉，侧脉每边5～8条，或更多，中脉、侧脉两面皆凸起；叶柄长5～7mm，幼时被灰褐色短柔毛，旋即脱落无毛。

花 伞形花序常3～5个簇生于叶腋或节间，几无总梗；苞片4，外面被丝状柔毛；每一花序有花4朵；花梗长约2mm，被丝状长柔毛；花被裂片黄色，宽卵形，外面中肋有丝状柔毛，内面无毛；雄花：能育雄蕊6，花丝基部有髯毛，第三轮基部的腺体大，具柄；退化雌蕊柱头膨大，头状；雌花：子房卵形，无毛，花柱长，柱头膨大，2裂。

果 果未见。

相似种区分

本种外形与红果黄肉楠［*Actinodaphne cupularis*（Hemsley）Gamble］相似，极易混淆，区别见后者描述。

引种信息

武汉植物园 2011年从四川宝兴县中坝镇引种苗（引种号20113468）。生长速度慢，长势一般。

西安植物园 引种于湖北宣恩县长潭河镇姊妹山（引种号201612）。生长缓慢，长势中等，不能连续开花，未发生冻害。

物候

武汉植物园 3月上旬萌芽，3月下旬开始展叶，3月下旬至4月上旬展叶盛期，4月上旬展叶末期；3月中旬现蕾，3月下旬始花、盛花，4月上旬末花；果实未见。

西安植物园 4月上旬开始展叶，4月中旬展叶盛期，4月下旬展叶末期；花果未见。

迁地栽培要点

喜偏酸性的红壤或黄壤，对温度的适应能力强，适合我国北亚热带和中亚热带地区栽培。播种繁殖。病虫害少见。

主要用途

本种叶片轮生枝顶，极有层次感，可供观赏；木材可供家具用；种子可榨油，供制肥皂及机器润滑等用。

顶芽（春季） 叶背 叶面 花枝 新叶 花序 花苞

97
大叶新木姜子

Neolitsea levinei Merrill, Philipp. J. Sci. C 13: 138. 1918.

自然分布

产广东、广西、湖南、湖北、江西、福建、四川、贵州及云南。生于山地路旁、水旁及山谷密林中，海拔300～1300m。

迁地栽培形态特征

乔木，高达15m。

茎 树皮灰褐至深褐色，不裂，有扁圆形横向开裂皮孔；小枝圆柱形，幼时密被黄褐色柔毛，老时毛被渐脱落；冬芽大，圆锥形，鳞片外面被锈色短柔毛，当年生枝基部常被残留芽鳞。

叶 叶轮生，4～5片一轮，长椭圆形、长圆状披针形至长圆状倒披针形，长15～30cm，宽4.5～9cm，先端短渐尖或突尖，基部楔形，革质，上面深绿色，有光泽，除脉外无毛，下面带苍绿色或苍白色，幼时密被黄褐色长柔毛，老时毛渐脱落较稀疏而被厚白粉；离基三出脉，侧脉每边3～4条，第一对侧脉伸至叶近顶端，中脉、侧脉在两面均凸起，横脉在叶下面明显；叶柄长1.5～2cm，密被黄褐色柔毛。

花 伞形花序数个生于枝侧，具总梗；总梗长约2mm；每一花序有花5朵；花梗长3mm，密被黄褐色柔毛；花被裂片4，卵形，黄白色，长约3mm，外面有稀疏柔毛，边缘有睫毛，内面无毛；雄花：能育雄蕊6，花丝无毛，第三轮基部的腺体椭圆形，具柄；退化子房卵形，花柱有柔毛；雌花：退化雄蕊长3～3.2mm，无毛，子房卵形或卵圆形，无毛，花柱短，有柔毛，柱头头状。

果 果未见。

引种信息

桂林植物园 引种信息不详。生长速度快，长势好。

峨眉山生物站 2007年3月8日从四川峨眉山引种苗（引种号07-0298-EM）。生长速度快，长势好。

武汉植物园 2004年从江西龙南县引种苗（引种号20041792）。生长速度快，长势好。

物候

桂林植物园 3月中旬展叶始期、盛期，3月下旬展叶末期；花果未见。

峨眉山生物站 3月上旬萌芽，3月中旬开始展叶，3月下旬至4月上旬展叶盛期、末期；花果未见。

武汉植物园 3月下旬萌芽，4月上旬展叶始期、盛期、末期；2月中旬现蕾，2月下旬始花、盛花，2月下旬至3月上旬末花；果实未见。

迁地栽培要点

本种适应力强，能耐40℃高温和-8℃低温，同时也稍耐干旱和水涝，坡地和水边都能种植，适合我国亚热带及以南地区栽培。繁殖以播种为主。病虫害少见。

主要用途

花序密集如球，叶片集生枝顶，层次感强，加之叶背粉白，有非常好的观赏效果，可做园林观赏植物；根可入药，治妇女白带。

植株　叶背　叶面　树皮　顶芽（冬季）　花苞枝　花序　花特写　顶芽（春季）

98
舟山新木姜子

Neolitsea sericea (Blume) Koidzumi, Bot. Mag. 40: 343. 1926.

植株　树皮

自然分布

产浙江（舟山）及上海（崇明）。生于山坡林中。朝鲜、日本也有分布。

迁地栽培形态特征

乔木，高达10m，胸径达30cm。

茎 树皮灰褐色，不裂，有密集、圆形、纵向开裂的皮孔；幼枝灰褐色，初时密被金黄色丝状柔毛，后渐脱落无毛；顶芽卵圆形，密被金黄色丝状柔毛。

叶 叶互生，椭圆形或卵状椭圆形，长7~15cm，宽3~5cm，先端渐尖，基部阔楔形至圆形，革质，边缘常波状，幼叶两面密被金黄色绢毛，老叶上面毛脱落呈深绿色而具光泽，下面黄褐色或银灰色，有贴伏黄褐或橙褐色绢毛；离基三出脉，侧脉每边4~5条，第一对侧脉离叶基部6~10mm处发出，伸至叶片中部以上，其余侧脉自中脉中部或中上部发出，中脉和侧脉在叶两面均凸起，横脉鲜时两面稍明显；叶柄长2~4.5cm，初时密被金黄色丝状柔毛，后渐脱落变无毛。

花 伞形花序簇生叶腋或枝侧，无总梗；每一花序有花5朵；花梗长3~6mm，密被长柔毛；花被裂片4，椭圆形，外面密被长柔毛，内面基部有长柔毛；雄花：能育雄蕊6，花丝基部有长柔毛，第三轮基部腺体肾形，有柄，具退化雌蕊；雌花：退化雄蕊基部有长柔毛，子房卵圆形，无毛，花柱稍长，柱头扁平。

果 果球形，径约1.3cm；果托浅盘状；果梗粗壮，长4~6mm，有柔毛。

引种信息

昆明植物园 2015年引种于浙江省林业科学研究院。生长速度快，长势较好。

杭州植物园 引种信息不详。生长速度中等，长势一般。

武汉植物园 引种信息不详。生长速度中等，长势好。

上海辰山植物园 2006年11月9日从浙江舟山市普陀区桃花镇汪家塘引种苗（登记号20060894）；2006年12月1日从浙江舟山市普陀区桃花镇客浦村引种苗（登记号20060011）。生长速度较快，长势良好。

南京中山植物园 引种年份、引种地不详（引种号05XC-100）。生长速度慢，长势差。

物候

昆明植物园 2月中旬叶芽开始膨大，2月下旬萌芽并开始展叶，3月上旬展叶盛期，3月中旬展叶末期；花果未见。

杭州植物园 2月至3月上旬叶芽开始膨大，3月中旬萌芽，3月下旬开始展叶，4月上旬展叶盛期、末期；10月上旬现蕾，10月中旬始花、盛花，10月下旬末花；11月果熟。

武汉植物园 3月上旬萌芽，3月中旬至下旬开始展叶，3月下旬展叶盛期、末期；10月中旬现蕾，10月下旬始花、盛花，11月上旬末花；果实未见。

上海辰山植物园 3月上旬叶芽开始膨大，3月下旬至4月中旬展叶；9月中旬花芽膨大，10月中旬盛花，来年2月中旬末花；3月上旬幼果期，11月中旬果熟。当年生花与去年生果同期出现。

南京中山植物园 3月下旬叶芽萌动，3月下旬开始展叶，4月上旬展叶盛期，4月中旬展叶末期；11月上旬盛花期；果未见。

迁地栽培要点

耐阴，喜冬暖夏凉的海洋性气候，喜富含腐殖质的酸性土。根系发达，耐旱、抗风，耐盐碱，萌芽力较强，适合我国长江流域栽培。种子繁殖为主，也可扦插繁殖。病虫害少见。

主要用途

本种为国家Ⅱ级重点保护野生植物，野外分布极少，具有重要的科研价值；树干通直，树姿美观，幼嫩枝叶密被金黄色绢状柔毛，冬季红果满枝与绿叶相映，是不可多得的观叶兼观果树种，珍贵的庭园观赏树及行道树。

叶背
叶面
花枝
花序
花苞枝
顶芽（冬季）
新叶
果序
花序

99
巫山新木姜子

Neolitsea wushanica (Chun) Merrill, Sunyatsenia. 3: 250. 1937.

自然分布

产湖北、四川、贵州、陕西（岚皋）、广东（阳山）、福建（连城、永安）。生于山坡、林缘或混交林中，海拔480～1500m。

迁地栽培形态特征

小乔木，高4～10m。

茎 树皮灰绿色，平滑；小枝纤细，无毛；顶芽卵圆形，鳞片排列松散，外面被锈色短柔毛。

叶 叶互生或聚生于枝顶，椭圆形或长圆状披针形，长5～9cm，宽1.7～3.5cm，先端急尖或近于渐尖，偶有长渐尖，基部多少有点渐尖，薄革质，上面深苍绿色，下面粉绿，具白粉，两面均无毛；羽状脉或有时近于离基三出脉，侧脉每边8～12条，纤细，中脉、侧脉在叶两面均凸起；叶柄细长，长1～1.5cm，无毛。

花 伞形花序腋生或侧生，无总梗；苞片4，近于无毛；每一花序有雄花5朵；花梗有黄褐色丝状柔毛；花被裂片4，卵形，外面中肋有长柔毛，内面仅基部有毛；能育雄蕊6，花丝长3mm，无毛，第三轮基部腺体小；退化雌蕊细小，长约1mm，无毛。

果 果未见。

引种信息

武汉植物园 引种信息不详。生长速度中等，长势良好。

物候

武汉植物园 2月上旬叶芽开始膨大，3月中旬萌芽并开始展叶，3月下旬展叶盛期、末期；10月中旬始花，10月下旬盛花、末花；果未见。

迁地栽培要点

耐高温和一定程度干旱，具有一定的抗寒能力，能抵御-4℃的低温，适合我国亚热带地区栽培。种子繁殖为主。病虫害少见。

主要用途

株型紧凑，枝叶繁茂，四季常绿，适合做园林观赏树木。

植株
树皮
新叶
叶背
叶面
顶芽（冬季）
花序
花序

赛楠属

Nothaphoebe Blume，Mus. Bot. 1: 328. 1851.

灌木或乔木；叶互生，羽状脉；花两性，为腋生或顶生的聚伞状圆锥花序；花被筒短，花被裂片6，不等大，外轮3枚小得多；能育雄蕊9，被丝状茸毛，外面2轮有腺体而花药内向，第三轮的基都有2个腺体而花药外向或侧外向，花药4室，室成对迭生，退化雄蕊3，位于最内轮，三角状心形，具短柄；子房卵珠形，花柱纤细，柱头头状；果为浆果状核果，椭圆形或圆球形；位于杯状的花被上，花被裂片宿存，广展；果梗多少增厚。

约40种，分布于东南亚及北美洲，我国特产赛楠*N. cavaleriei*（Levl. ）Y. C. Yang 及台湾赛楠*N. konishii*（Hayata ）Hayata 2种，其中赛楠产四川、贵州及云南东北部，台湾赛楠产台湾中部及南部

100
赛楠

Nothaphoebe cavaleriei (H. Léveillé) Yen C. Yang, J. W. China Border Res. Soc., ser. B. 15: 75. 1945.

自然分布

产四川、贵州及云南东北部。常生于常绿阔叶林及疏林中，海拔900~1700m。

迁地栽培形态特征

常绿乔木，高3~7m。

茎 幼枝绿色，成熟旋即变黄褐色，近无毛，密布圆形皮孔。

叶 叶互生，密集于枝顶，倒披针形或倒卵状披针形，长10~18（25）cm，宽2.5~5cm，先端渐尖，基部楔形，革质，上面深绿色，无毛，无光泽，下面绿白色，有极短柔毛；羽状脉，侧脉每边8~12条，上面中脉及侧脉均凹陷，下面中脉及侧脉十分凸起，横脉及小脉两面多少明显；叶柄长1.5~2cm，腹面具槽，无毛。

花 聚伞状圆锥花序腋生，长9~16cm，疏散，分枝，最末分枝有花2~3朵，总梗长（2.5）6~8cm，与各级序轴近无毛；小苞片细小，线形，长约1mm。花淡黄或黄白色，长约3mm；花梗长3~5mm。花被筒短，花被裂片6，宽卵形，内轮3枚较大，长3mm，宽1.6mm，外轮3枚约短于内轮的一半，均外面疏被短柔毛，内面中部密被柔毛。能育雄蕊9，第一、二轮雄蕊花丝无腺体，第三轮雄蕊花丝近基部有一对近无柄的圆状肾形腺体，花丝均疏被柔毛，花药4室，第一、二轮雄蕊花药药室内向，第三轮雄蕊花药药室外向。退化雄蕊3，位于最内轮，三角状心形。子房卵珠形，花柱纤细，柱头头状。

果 果圆球形，直径1.2~1.4cm，无毛，基部有宿存的不等大花被片。(野外果)

引种信息

西双版纳热带植物园 2000年从新加坡引种子（引种号52,2000,068）。生长速度中等，长势好。

昆明植物园 引种信息不详。生长速度中等，长势好。

物候

西双版纳热带植物园 全年零星展叶；花果未见。

昆明植物园 1月下旬始花、盛花，2月上旬末花；果未见。

迁地栽培要点

喜半阴、凉爽湿润的环境，夏季遇高温及阳光暴晒则生长不良，抗寒性强，-8℃时未见冻害，适合我国北亚热带和中亚热带地区栽培。播种繁殖。病虫害少见。

主要用途

叶片大，密集生枝顶，有一定观赏价值，可栽培做观赏。

果枝（野外） 花特写 树皮

叶背 叶面 植株

花序 幼果（野外）

鳄梨属

Persea Miller，Gard. Dict. Abr., ed. 4. 1030. 1754.

常绿乔木或灌木。叶坚纸质至硬革质，羽状脉，多少被短柔毛。聚伞状圆锥花序腋生或近顶生，由具梗的聚伞花序或稀为近伞形花序所组成，具苞片及小苞片。花两性，具梗。花被筒短，花被裂片6，近相等或外轮3枚略小，被毛，花后增厚，早落或宿存。能育雄蕊9，排列成三轮，花丝丝状，扁平，被疏柔毛，花药4室，第一、二轮雄蕊花丝无腺体，花药药室内向，第三轮雄蕊花丝基部有一对腺体，花药药室外向或上2室侧向、下2室外向。退化雄蕊3，位于最内轮，箭头状心形，具柄，柄被疏柔毛。子房卵球形，花柱纤细，被毛，柱头盘状。果为肉质核果，小而球形，或硕大至卵球形或梨形；果梗多少增粗而呈肉质或为圆柱形。

约50种，大部分产于南、北美洲，少数种产于东南亚，我国栽培的仅1种。

101
鳄梨

Persea americana Miller, Gard. Dict., ed. 8. Persea. 1768.

自然分布

原产热带南、北美洲；我国广东、福建、台湾、云南及四川等地都有少量栽培。

迁地栽培形态特征

常绿乔木，高约10m。

茎 树皮灰绿色，纵裂。

叶 叶互生，长椭圆形、椭圆形、卵形或倒卵形，长8～20cm，宽5～12cm，先端急尖，基部楔形、急尖至近圆形，革质，上面绿色，下面通常稍苍白色，幼时上面疏被下面极密被黄褐色短柔毛，老时上面变无毛下面疏被微柔毛，羽状脉，中脉在上面下部凹陷上部平坦，下面明显凸出，侧脉每边5～7条，在上面微隆起下面却十分凸出，横脉及细脉在上面明显下面凸出；叶柄长2～5cm，腹面略具沟槽，略被短柔毛。

花 聚伞状圆锥花序长8～14cm，多数生于小枝的下部，具梗，总梗长4.5～7cm，与各级序轴被黄褐色短柔毛；苞片及小苞片线形，长约2mm，密被黄褐色短柔毛。花淡绿带黄色，长5～6mm，花梗长达6mm，密被黄褐色短柔毛。花被两面密被黄褐色短柔毛，花被筒倒锥形，长约1mm，花被裂片6，长圆形，长4～5mm，先端钝，外轮3枚略小，均花后增厚而早落。能育雄蕊9，长约4mm，花丝丝状，扁平，疏被柔毛，花药长圆形，先端钝，4室，第一、二轮雄蕊花丝无腺体，花药药室内向，第三轮雄蕊花丝基部有一对扁平橙色卵形腺体，花药药室外向。退化雄蕊3，位于最内轮，箭头状心形，长约0.6mm，无毛，具柄，柄长约1.4mm，被疏柔毛。子房卵球形，长约1.5mm，花柱长2.5mm，与子房均疏被柔毛，柱头略增大，盘状。

果 果大，通常梨形，有时卵形或球形，长8～18cm，黄绿色或红棕色，外果皮木栓质，中果皮肉质，可食。

引种信息

西双版纳热带植物园 2002年从泰国引种子（引种号38,2002,0375）。生长速度快，长势好。

桂林植物园 引种信息不详。生长速度快，长势良好。

北京植物所 1973年引种，引种地不详（引种号1973-968）。生长速度慢，长势良好。

物候

西双版纳热带植物园 全年零星展叶；3月下旬至4月上旬始花，4月上旬盛花，4月中旬末花；9月上旬果熟。

桂林植物园 2月中旬开始展叶，2月下旬展叶盛期、末期；3月中旬始花、盛花，3月下旬末花；果实未见。

北京植物所 温室栽培，常年零星展叶；花果未见。

迁地栽培要点

喜光，喜温暖湿润气候，不耐寒，适宜年雨量在1000mm以上、年均温度20~25℃的地区栽培，根浅，枝条脆弱，不能耐强风，适合我国南亚热带以南地区栽培。播种或嫁接繁殖。主要病虫害有鳄梨炭疽病、鳄梨疮痂病、鳄梨尾孢斑点病、鳄梨小穴壳果腐病、鳄梨蒂腐病、鳄梨疫霉果腐病、鳄梨煤烟病。

主要用途

果实为一种营养价值很高的水果，含多种维生素、丰富的脂肪和蛋白质，钠、钾、镁、钙等含量也高，除作生果食用外也可作菜肴和罐头；果仁含脂肪油，为非干性油，有温和的香气，非皂化物1.6%，供食用、医药和化妆工业用。

植株　花特写　叶背　花序　叶面　果　果枝

楠属

Phoebe Nees，Syst. Laur. 98. 1836.

常绿乔木或灌木；叶互生，通常聚生枝梢，羽状脉；花小，两性，聚伞状圆锥花序或近总状花序；花被筒短，花被裂片6，相等或近相等，直立，宿存，花后变革质或木质；能育雄蕊9，排成三轮，第一、二轮的无腺体，花药内向，第三轮的基部或近基部有2个具柄或无柄腺体，花药外向，花药4室，室成对迭生；退化雄蕊3，位于最内轮，三角形或箭头形，具柄；子房无柄，多为卵珠形或球形，花柱顶生，柱头盘状或头状；果为浆果状核果，基部被宿存且扩大的花被片所包围；宿存花被片大都紧贴，少有松散或先端外倾；果梗不或明显增粗。

多达100种，分布于亚洲热带及亚热带，我国有35种（其中27种为特有种），产长江流域及以南地区，东至台湾。本属植物很多种类为高大乔木，木材坚实，结构细致，防虫防腐性好，不易变形和开裂，为建筑、家具、船板等优良木材。

楠属分种检索表

1a. 花被外面及花序完全无毛或被紧贴微柔毛。
  2a. 中脉在上面全部凸起……………………………………………………106. **披针叶楠** ***P. lanceolata***
  2b. 中脉在上面全部下陷，或下半部明显下陷。
    3a. 果球形或近球形…………………………………………………………104. **竹叶楠** ***P. faberi***
    3b. 果卵形 …………………………………………………………………… 105. **湘楠** ***P. hunanensis***
1b. 花被外面及花序密被短柔毛、长柔毛或茸毛。
  4a. 果大，长1.8cm以上。
    5a. 一年生小枝无毛或被微柔毛……………………………………………109. **红梗楠** ***P. rufescens***
    5b. 一年生小枝明显被毛……………………………………………………107. **大果楠** ***P. macrocarpa***
  4b. 果小，长1.5cm以下。
    6a. 一年生小枝极粗壮，中部直径4.5～6mm………………………… 108. **普文楠** ***P. puwenensis***
    6b. 一年生小枝纤细或极纤细，中部直径2～3.5mm。
      7a. 种子具多胚性，子叶不等大，一粒种子常可生2～3株幼苗……………………………………………………………… 103. **浙江楠** ***P. chekiangensis***
      7b. 种子单胚性，子叶等大，一粒种子仅生1株幼苗。
        8a. 叶倒卵形、椭圆状倒卵形或倒阔披针形，长8～27cm，宽4～8（11）cm，侧脉每边8～13条………………………………………………………………………110. **紫楠** ***P. sheareri***
        8b. 叶椭圆形、披针形或倒披针形，较狭小，长7～13cm，宽不及4cm。
          9a. 叶革质，披针形或倒披针形，横脉及小脉在下面十分明显，结成小网格状，叶柄长5～11（20）mm；花序长3～7（10）cm，通常3～4条分枝，为紧缩不开展的圆锥花序，最下部分枝长2～2.5cm；小枝被毛或有时近于无毛……………………102. **闽楠** ***P. bournei***
          9b. 叶多为薄革质，椭圆形，少为披针形，横脉及小脉在下面不明显或略明显，不构成小网格状，叶柄长1～2.2cm；花序长（6）7.5～12cm，多分枝，为十分开展的聚伞状圆锥花序，最下部分枝通常长2.5～4cm；小枝始终密被黄褐色或灰褐色柔毛…………………………………………………………………………111. **楠木** ***P. zhennan***

102
闽楠

Phoebe bournei (Hemsley) Yen C. Yang, J. W. China Border Res. Soc., ser. B. 15: 73. 1945.

自然分布

产江西、福建、浙江南部、广东、广西北部及东北部、湖南、湖北、贵州东南及东北部。多见于山地沟谷阔叶林中。

迁地栽培形态特征

常绿乔木，高达20m。

茎 树皮灰色，不裂，密被皮孔；小枝绿色，无毛或有稀疏柔毛。

叶 叶革质或厚革质，披针形或倒披针形，长7～13（15）cm，宽2～3（4）cm，先端长渐尖，基部楔形，上面深绿色，有光泽，下面有短柔毛，晦暗；中脉上面下陷，侧脉每边10～14条，上面平坦或稍凸起，下面凸起，横脉及小脉多而密，鲜时两面不甚明显，干后在下面形成较明显的网格状；叶柄长5-11（20）mm，被柔毛。

花 花序生于新枝中、下部，被毛，长3～7（10）cm，通常3～4个，为紧缩不开展的圆锥花序，最下部分枝长2～2.5cm；花被片卵形，长约4mm，宽约3mm，两面被短柔毛；第一,二轮花丝疏被柔毛，第三轮密被长柔毛，基部的腺体近无柄，退化雄蕊三角形，具柄，有长柔毛；子房近球形，与花柱无毛，或上半部与花柱疏被柔毛，柱头帽状。

果 果椭圆形或长圆形，长1.1～1.5cm，直径约6～7mm；宿存花被片被毛，紧贴。（未熟果）

相似种区分

本种和楠木（*Phoebe zhennan* S. K. Lee et F. N. Wei）易混淆。区别在于本种叶片革质，厚实而直挺，叶干后下面横脉及小脉呈明显网格状；而后者薄革质，常稍弯卷，叶片干后下面横脉及小脉不甚明显。

引种信息

桂林植物园 引种信息不详。生长速度快，长势良好。

杭州植物园 引种信息不详。生长速度中等，长势良好。

武汉植物园 2003年从湖南新宁县植物所引种苗（引种号20032543）；2005年从贵州雷山县桃江乡引种苗（引种号20051524）。生长速度中等，长势一般。

上海辰山植物园 2007年12月8日从江西赣南树木园引种苗（登记号20072399）；2011年3月16日从湖南长沙森林公园引种苗（登记号20121111）；2008年2月13日从江西分宜县大岗山引种苗（登记号20080967）。生长速度慢，长势较差。

南京中山植物园 1980年从湖南桑植县引种（引种号88I62-12）。生长速度中等，长势好。

物候

桂林植物园 2月下旬至3月上旬开始展叶，3月上旬至3月中旬展叶盛期，4月上旬展叶末期，8月初有二次展叶现象；4月上旬始花、4月中旬盛花、4月下旬末花；果未熟先落。

杭州植物园 2~3月上旬叶芽开始膨大，3月中旬萌芽，3月下旬开始展叶，4月上旬展叶盛期、末期；花果未见。

武汉植物园 3月上旬萌芽，3月中旬至下旬开始展叶，3月下旬展叶盛期、末期；花果未见。

上海辰山植物园 3月上旬叶芽萌动，4月上旬开始展叶，5月上旬展叶末期；花果未见。

南京中山植物园 3月下旬叶芽萌动，4月上旬开始展叶，4月中旬展叶盛期，4月下旬展叶末期；花果未见。

迁地栽培要点

成年树喜光，喜深厚肥沃土壤，但忌水涝，对温度的适应范围较广，-8℃未见冻害，适合我国亚热带地区栽培。播种繁殖。常见茎腐病和蛀梢象鼻虫危害。

主要用途

闽楠为国家Ⅱ级重点保护野生植物，树形高大，叶片细长，是优良的园林绿化树种，适于公园草地、水边、庭院等处应用，还可作行道树，亦可用于荒山绿化。

103
浙江楠

Phoebe chekiangensis P. T. Li, J. S. China Agric. Univ. 21(4): 59. 2000.

自然分布

产浙江西北部及东北部、福建北部、江西东部。生于山地阔叶林中。

迁地栽培形态特征

常绿乔木，高达20m。

茎 树皮灰褐色，薄片状脱落，具褐色皮孔；小枝有棱，密被黄褐色或灰黑色柔毛，后毛被渐脱落。

叶 叶革质，倒卵状椭圆形或倒卵状披针形，通常长8~14cm，宽3.5~6cm，先端突渐尖或长渐尖，基部楔形，上面初时有毛后变无毛，下面被黄褐色柔毛，脉上被长柔毛；侧脉每边8~10条，中、侧脉上面下陷，下面凸起，横脉下面明显。

花 圆锥花序长5~12cm，密被黄褐色茸毛，花序通常在近顶端分枝；花长约4mm，花梗长2~3mm；花被片卵形，两面被毛，第一、二轮花丝疏被灰白色长柔毛，第三轮密被灰白色长柔毛，退化雄蕊箭头形，被毛；子房卵形，无毛，花柱细，直或弯，柱头盘状。

果 果椭圆状卵形，长1.2~1.5cm，熟时黑色；宿存花被片革质，紧贴。种子两侧不等，多胚性，常1粒种子发苗2~3株。

相似种区分

本种在发表前一直认为是紫楠［*Phoebe sheareri*（Hemsley）Gamble］，但本种种子具有多胚性，一粒种子通常出苗两株或更多，叶片倒卵状椭圆形，长不及17cm；而紫楠具单胚性，叶片倒卵形、椭圆状倒卵形，长8～27cm，可与本种区别。

引种信息

昆明植物园　2015年引种于浙江省林业科学研究院。生长速度适中，长势较好。

杭州植物园　引种信息不详。生长速度较快，长势良好。

武汉植物园　引种信息不详。生长速度快，长势好。

上海辰山植物园　2007年11月24日从浙江临安市天目山保护区禅源寺引种苗（登记号20072767）；2011年3月11日从安徽黄山市林科所引种苗（登记号20121313）。生长速度中等，长势良好。

南京中山植物园　1980年从浙江临安市引种（引种号88I54-8）；1979年从杭州植物园引种（引种号88I5401-24）。生长速度快，长势良好。

物候

昆明植物园　3月上旬叶芽开始膨大，3月中旬萌芽并开始展叶，3月下旬展叶盛期，4月上旬展叶末期；花果未见。

杭州植物园　3月叶芽开始膨大，4月上旬萌芽并开始展叶，4月中旬展叶盛期，4月下旬展叶末期；4月上旬现蕾，5月上旬始花，5月中旬盛花、末花；10月果熟。

武汉植物园　3月下旬萌芽并开始展叶，4月上旬展叶盛期、末期；3月下旬现蕾，4月下旬始花，5月上旬盛花、末花；10月下旬至11月上旬果熟。

上海辰山植物园　3月下旬花芽萌动，4月上旬始花，4月下旬至5月中旬盛花；10月下旬果熟。

南京中山植物园　4月上旬萌芽，4月中旬开始展叶，4月下旬展叶盛期，5月上旬展叶末期；4月中旬至下旬现蕾，5月上旬始花，5月中旬盛花，5月下旬末花；9月中旬果熟。

迁地栽培要点

喜光线充足、温暖湿润的生长环境，耐40℃高温，抗寒性也较强，短时间-8℃低温时未见冻害，能耐一定程度的干旱，但忌水涝，适合在长江流域栽培。播种繁殖。有地老虎、蛀梢象鼻虫、灰毛金花虫危害，但不常见。

主要用途

浙江楠是国家Ⅱ级重点保护野生植物，树体高大雄伟，四季青翠，是优良的园林绿化树种。同时树干通直，材质坚硬，可作建筑、家具等用材。

花枝

叶面

新叶

104
竹叶楠

Phoebe faberi (Hemsley) Chun, in Contr. Biol. Lab. Sci. Soc. China. 1(5): 31-32. 1925.

自然分布

产陕西、四川、湖北西部、贵州及云南中至北部。多见于海拔800～1500m的阔叶林中。

迁地栽培形态特征

常绿乔木，高达15m。

茎 树皮灰褐色，密生皮孔；小枝绿色，初被灰色贴伏柔毛，后脱落至无毛；顶芽细小，被黄褐色柔毛。

叶 叶厚革质或革质，长圆状披针形，长7～13（15）cm，宽1.8～2.5（4.5）cm，先端钝头或短渐尖，基部狭楔形，上面光滑无毛，下面苍白色或苍绿色，幼叶下面密被灰白色贴伏柔毛；中脉上面下陷，下面凸起，侧脉每边12-15条，上面稍下陷，下面凸起，横脉及小脉两面均不明显；叶缘内卷，叶柄长1～2.5cm，初被灰白色贴伏柔毛，后脱落无毛。

花 花序多个，生于新枝下部叶腋，长5～12cm，无毛，中部以上分枝，每伞形花序有花3～5朵；花黄绿色，长2.5～3mm，花梗长4～5mm；花被片卵圆形，外面无毛，内面及边缘有毛；花丝无毛或仅基部有毛，第三轮花丝基部腺体有短柄或近无柄；子房卵形，无毛，花柱纤细，柱头不明显。

果 果球形，直径7～9mm；果梗长约8mm，微增粗，初时绿色，后变鲜红色；宿存花被片卵形，革质，紧贴。（未成熟果）

相似种区分

本种外观与小花润楠［*Machilus minutiflora*（H. W. Li）L. Li, J. Li et H. W. Li］相似，区别可参看后者描述。

引种信息

杭州植物园 2012年从湖北恩施引种苗（引种号12C21004-015）。生长速度一般，长势较弱。

武汉植物园 2003年从湖北利川市毛坝镇茶塘村七组花板溪引种苗（引种号20032067）；2004年从湖北兴山县杉树坪村引种苗（引种号20042204）。生长速度一般，长势好。

物候

杭州植物园 2月至3月中旬叶芽开始膨大，3月下旬萌芽并开始展叶，4月上旬展叶盛期、末期；花果未见。

武汉植物园 3月中旬萌芽，4月上旬开始展叶，4月中旬展叶盛期、末期；4月中旬始花、盛花，4月下旬末花；成熟果未见。

迁地栽培要点

喜温暖湿润的环境，高温和干旱会造成生长不良，能耐-8℃的低温，适合我国暖温带至中亚热带之间的区域栽培。播种繁殖。病虫害少见。

主要用途

木材供建筑、家具等用。树形优美，枝叶浓密，是园林上良好的庭院绿化树种，亦可做行道树。

植株　树皮　果特写　果枝　果枝　果枝（野外）

花特写
花序
花枝
新叶
叶背
叶面

105
湘楠

Phoebe hunanensis Handel-Mazzetti, Anz. Akad. Wiss. Wien, Math.-Naturwiss. Kl. 58: 146. 1921.

自然分布

产甘肃，陕西，江西西南部，江苏，安徽，湖北，湖南中部、东南及西部，贵州东部等地。生于沟谷或水边。

迁地栽培形态特征

小乔木，高达8m。

茎 树皮灰色，密被皮孔；小枝绿色，有棱，无毛。

叶 叶近革质，长椭圆状倒卵形，或为倒卵状披针形，长（7.5）10~18（26）cm，宽3~5.5（7.5）cm，先端短渐尖，基部楔形，上面无毛，有光泽，下面有紧贴白色短柔毛，苍白色；中脉粗壮，在上面平坦，下面极明显凸起，侧脉每边6~14条，在下面十分凸起，横脉及小脉下面明显；叶柄长7~15（24）mm，无毛。

花 花序生当年生枝上部，很细弱，长8~14cm，近于总状或在上部分枝，无毛；花长4~5mm，花梗约与花等长；花被片有缘毛，外轮稍短，外面无毛，内面有毛，内轮外面无毛或上半部有微柔毛，内面密或疏被柔毛；能育雄蕊各轮花丝无毛或仅基部有毛，第三轮花丝基部的腺体无柄；子房扁球形，无毛，柱头帽状或略扩大。

果 果卵形，长1~1.2cm，直径约7mm；果梗略增粗；宿存花被片卵形，纵脉明显，松散，常可见到缘毛。

引种信息

武汉植物园 2004年从陕西洋县华阳镇引种苗（引种号20049202）。生长速度快，长势好。

上海辰山植物园 2007年11月19日从江西九江市庐山区庐山剪刀峡风景区采集种子（登记号20071755）；2007年10月16日从安徽岳西县五河镇妙道山组坎儿岗山采集种子（登记号20071375）。

南京中山植物园 引种年份、引种地不详（引种号94U-79）。生长速度快，长势良好。

物候

武汉植物园 4月上旬萌芽、开始展叶并进入展叶盛期，4月中旬展叶末期；4月上旬现蕾，4月下旬始花，5月上旬盛花、末花；10月上旬果熟。

上海辰山植物园 3月中旬萌芽；4月中旬始花，5月上旬盛花，6月上旬末花；11月上旬果熟。

南京中山植物园 3月下旬至4月上旬萌芽，4月上旬至中旬开始展叶，4月中旬至下旬展叶盛期，4月下旬至5月上旬展叶末期；4月中旬至下旬现蕾，5月上旬始花，5月中旬盛花，5月下旬末花；9月下旬果熟。

迁地栽培要点

喜半阴、温暖湿润的环境，不耐干旱，对温度的适应范围广，适合我国北亚热带及中亚热带地区栽培。播种繁殖。病虫害少见。

主要用途

枝叶常绿，适应力强，适合做绿化树种，也可做庭园绿化树种。

果　果序　花特写　果序　花序　花序　花枝

叶面
叶背
花枝
树皮
植株

106
披针叶楠

Phoebe lanceolata（Wall. ex Nees）Nees，Syst. Laur. 109. 1836.

植株

自然分布

产云南南部。多见于海拔1500m以下的山地阔叶林中，为该地森林中的主要树种之一。分布于尼泊尔、印度、泰国、马来西亚、印度尼西亚等。

迁地栽培形态特征

乔木，高4～15（20）m。

茎 树皮灰白色，具暗红色皮孔；小枝细，较老部分灰褐色或褐色，最嫩部分无毛或被稀疏而且很快即脱落的黄褐色柔毛；芽外露，密被黄灰色茸毛。

叶 叶披针形或椭圆状披针形，长13～22（25）cm，宽3～5.5（6.5）cm，先端渐尖或尾状渐尖，尖头常作镰状，基部渐狭下延，薄革质，嫩叶两面常带紫红色，下面被短柔毛，老叶两面无毛；中脉粗壮，上面凸起，侧脉每边9～13（15）条，细而两面明显，近边缘网结，横脉及小脉两面不明显或下面略明显；叶柄长1～2.5cm，无毛。

花 圆锥花序数个，长短不一，多数长12～15cm，短的长4～5cm，最长可达20cm，近顶部分枝，各级花序轴及花梗无毛；花淡绿色或黄绿色，长3~4mm，花梗与花等长，常被白粉；花被片近等大，卵形，长2.5~3mm，外面无毛，内面有灰白色短柔毛；各轮花丝基部被灰白色柔毛，第三轮花丝基部腺体无柄；子房近球形，无毛，花柱细，柱头盘状。

果 果卵形，长9~12mm，直径6~7mm，先端常有短喙；果梗略增粗；宿存花被片革质，麦秆色，紧贴或松散。

引种信息

西双版纳热带植物园 引种信息不详。生长速度快，长势好。

物候

西双版纳热带植物园 全年零星展叶；4月中旬至5月上旬始花，5月中旬盛花，5月中旬至5月下旬末花；7月上旬至9月上旬零星果熟。

迁地栽培要点

喜光照充足，温暖湿润的生长环境，对土壤要求不严，对低温较为敏感，适合在我国热带地区栽培。播种繁殖。病虫害少见。

主要用途

木材作建筑、家具等用。

花序

果枝
树皮
花枝
果
花特写
叶背
叶面

107
大果楠

Phoebe macrocarpa C. Y. Wu, Acta Phytotax. Sin. 6: 211. 1957.

植株
果（野外）
花序（野外）

自然分布

产云南东南部。见于海拔1200～1800m的杂木林中。越南北部也有。

迁地栽培形态特征

大乔木，通常高15～20m，胸径40～60cm。

茎 树皮灰褐色，纵裂；小枝粗壮，密被黄褐色茸毛；顶芽卵珠形，长约2cm，被黄褐色短硬毛。

叶 叶近革质，椭圆状倒披针形或倒披针形，长18～30（38）cm，宽4～7.5（9）cm，先端渐尖或短渐尖，基部渐狭下延，两侧相等，上面沿中脉有毛，下面疏被黄褐色短柔毛，脉上有开展短硬毛；中脉上面下陷，侧脉每边23～34条，近平行，两面可见，横脉及小脉多而明显，近平行；叶柄长1～2cm，粗壮，被粗长毛。

花 圆锥花序长10～21cm，在顶部分枝，总梗长7～15cm，与各级序轴密被黄褐色糙伏毛；花黄绿色，长4～6mm；花被片近等大，卵圆形，长约4mm，宽约3mm，两面密被黄褐色糙伏毛；能育雄蕊各轮花丝被毛，第三轮花丝基部腺体具短柄或近无柄，退化雄蕊箭头形，被毛，子房球形，全部或上半部被毛，花柱线状，被毛，柱头不明显或略扩张。（野外花）

果 果序近于木质。果椭圆形或近长圆形，长3.5～3.8（4.2）cm，直径19～2.2cm，无毛；果梗长约1cm；宿存花被片革质，卵形或卵状椭圆形，长约6mm，宽4mm，两面被毛，紧贴。（野外果）

引种信息

西双版纳热带植物园 2001年从云南河口县引种子（引种号00,2001,3883）。生长速度快，长势好。

物候

西双版纳热带植物园 全年零星展叶；花果未见。

迁地栽培要点

喜光，亦喜温暖湿润的生长环境，对低温极为敏感，适合在我国热带地区栽培。种子繁殖。病虫害少见。

主要用途

木材供建筑、家具、农具等用。

果枝（野外）

叶背

树皮

叶面

108
普文楠

Phoebe puwenensis W. C. Cheng, Sci. Silvae Sin. 8(1): 3. 1963.

花特写（野外）

自然分布

产云南南部。多见于海拔800～1500m的常绿阔叶林中。

迁地栽培形态特征

大乔木，高可达30m，胸径达1m。

茎 树皮淡黄灰色，呈薄片状脱落；小枝粗壮，中部直径5～6mm，密被黄褐色长茸毛，老枝有明显叶痕。

叶 叶薄革质，倒卵状椭圆形或倒卵状阔披针形，长（8）12～23cm，宽（4）5～9cm，先端突尖或钝尖，基部狭楔形，上面无毛或散生贴伏毛或仅沿脉上有毛，下面密被黄褐色长毛；中脉上面下陷，侧脉纤细，每边12～20条，近直伸，在边缘网结，横脉及小脉细，下面明显；叶柄长1～2.5cm，粗壮，密被黄褐色或灰黑色长茸毛。

花 圆锥花序生新枝中、下部，长4.5～22（25）cm，在近顶部分枝，总梗及各级序轴被黄褐色茸毛；花淡黄色，长4～5mm，花梗短，长2～3mm，被毛；花被片长卵形，近等大，长约4mm，先端锐尖，两面密被黄褐色茸毛；能育雄蕊各轮花丝被灰白色长茸毛，第三轮花丝基部腺体无柄；子房卵形，上半部被毛，花柱细，柱头盘状。（野外花）

果 果卵形，长达1.3cm，直径约7mm，无毛；果梗不增粗；宿存花被片革质，紧贴。（野外果）

引种信息

西双版纳热带植物园 引种信息不详。生长速度快，长势好。

物候

西双版纳热带植物园 全年零星展叶；花果未见。

迁地栽培要点

需要光线充足、温暖湿润的生长环境，不耐低温，适合在我国热带地区栽培。种子繁殖。病虫害少见。

主要用途

木材供建筑、家具、农具等用。

花序（野外） 果序（野外） 树皮 叶背 叶面 整株

109
红梗楠

Phoebe rufescens H. W. Li, Acta Phytotax. Sin. 17(2): 59. 1979.

植株

自然分布

产云南西南部。生于海拔1800～1950m的较湿润的疏林或密林中。

迁地栽培形态特征

乔木，高12～20m，胸径约40cm。

茎 树皮棕灰色；小枝近圆柱形，红褐色，被小柔毛，有明显的叶痕及皮孔；芽被细茸毛。

叶 叶革质，长圆形或披针状长圆形，长9.5～17cm，宽2.5～6cm，先端钝或短尖，少为短渐尖，基部楔形或狭楔形，上面完全无毛或沿中脉有柔毛，下面有细微柔毛；中脉在上面下陷，侧脉每边8～15条，斜展，横脉及小脉两面明显，呈蜂窝状；叶柄长1～2cm，被小柔毛。

花 花序粗壮，狭圆锥形，长达16cm，密被短柔毛，近顶部分枝，最长分枝约3cm；花梗短，长2mm左右，被短柔毛，花黄色，直径约4cm，第三轮花丝基部腺体无柄。

果 果序粗壮，长7.5～18cm，在顶端分枝，被黄褐色微柔毛。果长卵形或椭圆形，长2～3.2cm，直径1.1～2cm，成熟时紫黑色，无毛；果梗紫红色，增粗，长6～10mm；宿存花被片长圆状卵形，紧贴，两面明显被毛。（野外果）

引种信息

西双版纳热带植物园 引种信息不详。生长速度快，长势好。

物候

西双版纳热带植物园 全年零星展叶；花果未见。

迁地栽培要点

喜光线较好、温暖湿润的生境，不耐低温与干旱，适合在我国热带地区栽培。种子繁殖。病虫害少见。

主要用途

木材作建筑、家具、农具等用材。

树皮

花序及果序（野外）

果枝（野外）

110
紫楠

Phoebe sheareri (Hemsley) Gamble, Sargent Pl. Wilson. 2: 72. 1914.

自然分布

产长江流域及以南地区。多生于海拔1000m以下的山地阔叶林中。

迁地栽培形态特征

常绿乔木，高达15m。

茎 树皮灰色，不裂，密被皮孔。小枝、叶柄及花序密被黄褐色或灰黑色柔毛或茸毛。

叶 叶革质，倒卵形或椭圆状倒卵形，长8~28cm，宽3.5~14cm，先端突尖，基部楔形，上面除脉外无毛，稍具光泽，下面密被黄褐色柔毛，晦暗；中脉和侧脉上面平或稍下陷，侧脉每边8~13条，弧形，在边缘连结，横脉及小脉多而密集，在下面结成明显网格状；叶柄长1.5~3cm，密被黄褐色柔毛。

花 圆锥花序长7~15（18）cm，在顶端分枝；花长4~5mm；花被片近等大，卵形，两面被毛；能育雄蕊各轮花丝被毛，至少在基部被毛，第三轮特别密，腺体无柄，生于第三轮花丝基部，退化雄蕊花丝全被毛；子房球形，无毛，花柱通常直，柱头不明显或盘状。

果 果卵形，长约1cm，直径5~6mm，果梗略增粗，被毛；宿存花被片卵形，两面被毛，松散；种子单胚性，两侧对称。

相似种区分

本种与浙江楠（*Phoebe chekiangensis* P. T. Li）相似，区别见后者描述。

引种信息

杭州植物园 引种信息不详。生长速度较快，长势良好。

武汉植物园 2004年从重庆石柱县黄鹤乡引种苗（引种号20040450）；同年从湖南绥宁县黄桑坪乡引种苗（引种号20049060）；同年从四川都江堰市大观镇两河村引种苗（引种号20042590）。生长速度快，长势良好。

上海辰山植物园 2007年11月14日从江西抚州市马头山镇贺石山采集种子（登记号20071725）；2007年11月19日从江西九江市庐山区庐山剪刀峡风景区采集种子（登记号20071756）；2008年3月24日从安徽黄山市黄山引种苗（登记号20081100）。生长速度中等，长势良好。

南京中山植物园 1980年从江西赣南树木园引种（引种号88I6309-2）。生长速度快，长势良好。

物候

杭州植物园 3月叶芽开始膨大，3月下旬萌芽，4月上旬展叶始期，4月中旬展叶盛期，4月下旬展叶末期；4月上旬现蕾，5月上旬始花，5月中旬盛花、末花；10月果熟。

武汉植物园 3月中旬萌芽并开始展叶，3月中旬至下旬展叶盛期、末期，此外也常在秋冬季节零星展叶；3月中旬现蕾，4月中旬始花，4月中旬至下旬盛花，4月下旬至5月上旬末花；9月上旬至中旬果熟。

上海辰山植物园 3月中旬萌芽，4月上旬始花，5月中旬盛花；10月下旬果熟。

南京中山植物园 4月上旬萌芽，4月中旬开始展叶，4月下旬展叶盛期，5月上旬展叶末期；4月下旬现蕾，5月上旬至中旬始花，5月中旬盛花，5月下旬末花；9月中旬果熟。

迁地栽培要点

喜温暖湿润环境，适合生长于深厚、肥沃、湿润而排水良好的土壤，微酸性及中性土壤为佳，耐寒能力强，-8℃未见冻害，适合我国长江流域以南地区栽培。种子繁殖。病虫害少见。

主要用途

紫楠树形端庄美观，叶大荫浓，是优良的庭园绿化树种，也可做行道树；木材纹理直，结构细，质坚硬，耐腐性强，可做建筑、造船、家具等用材。

果序 果序 花序 果枝 果枝

花特写
树皮
叶背
叶面
新叶
植株

111
楠木

Phoebe zhennan S. K. Lee et F. N. Wei, Acta Phytotax. Sin. 17(2): 61. 1979.

自然分布

产湖北西部、贵州及四川。野生或栽培；野生的多见于海拔1500m以下的阔叶林中。

迁地栽培形态特征

常绿乔木，高达30m。

茎 树皮灰色，不裂，密被皮孔；小枝绿色，有棱，初被灰褐色长柔毛，旋即脱落无毛。芽鳞被灰黄色贴伏长毛。

叶 叶近革质，椭圆形或倒卵状披针形，长7～14cm，宽2.5～4.5cm，先端渐尖，基部楔形，上面除中脉外余无毛，有光泽，下面密被短柔毛；中脉在上面下陷，下面明显凸起，侧脉每边8～13条，斜伸，上面不明显，下面明显，横脉在上面几不可见，下面略明显，小脉不与横脉构成网格状或很少呈模糊的小网格状；叶柄细，长1～2.2cm，被短柔毛。

花 聚伞状圆锥花序十分开展，被毛，长（6）7.5～12cm，纤细，在中部以上分枝，最下部分枝通常长2.5～4cm，每伞形花序有花3～6朵，一般为5朵；花中等大，长3～4mm，花梗与花等长；花被片近等大，长3～3.5mm，宽2～2.5mm，外轮卵形，内轮卵状长圆形，先端钝，两面被灰黄色长或短柔毛，内面较密；第一、二轮花丝长约2mm，第三轮长2.3mm，均被毛，第三轮花丝基部的腺体无柄，退化雄蕊三角形，具柄，被毛；子房球形，无毛或上半部与花柱被疏柔毛，柱头盘状。

果 果椭圆形，长1.1～1.4cm，直径6～7mm；果梗微增粗；宿存花被片卵形，革质、紧贴，两面被短柔毛或外面被微柔毛。

相似种区分

本种与闽楠［*Phoebe bournei*（Hemsley）Yen C. Yang］相似，区别见后者描述。

引种信息

峨眉山生物站 1985年自四川峨眉山引种苗（引种号85-0293-01-EMS）。生长速度中等，长势良好。

武汉植物园 2004年从广西龙胜引种苗（引种号20049313）；同年从湖北五峰县湾潭镇引种苗（引种号20042287）；同年从四川都江堰市虹口乡引种苗（引种号20042569）。生长速度中等，长势良好。

西安植物园 引种于湖北利川市毛坝镇五一村（引种号2016121168）。生长缓慢，长势中等，不能连续开花，未发生冻害。

物候

峨眉山生物站 3月上旬萌芽，3月中旬开始展叶，4月上旬展叶盛期；3月下旬现蕾，4月中旬始花，5月上旬盛花，5月下旬末花；9月中旬果熟。

武汉植物园 3月中旬萌芽，3月中旬至下旬开始展叶，3月下旬展叶盛期，3月下旬至4月上旬展叶末期；3月中旬现蕾，4月中旬始花，4月下旬盛花，5月上旬末花；9月下旬至10月上旬果熟。

西安植物园 4月上旬至中旬开始展叶，4月下旬展叶盛期，5月上旬展叶末期；花果未见。

迁地栽培要点

幼时耐阴，喜温暖湿润气候及肥沃、湿润而排水良好的中性或微酸性土壤，生长速度缓慢，寿命长，深根性，萌蘖力强，适合在我国北亚热带及中亚热带地区栽培。种子繁殖。病虫害少见。

主要用途

本种为国家Ⅱ级重点保护野生植物，树干高大端直，树冠雄伟，是优良的庭园绿化树种，适合在草坪孤植、丛植或配植于建筑周围，翠影幢幢，尤为壮观，也可做行道树，在山地风景区适于营造大面积风景林；同时也是珍贵用材树种。

果　果枝　花特写　树皮　叶背　叶面　花枝　植株

檫木属

Sassafras J. Presl, Berchtold et J. Presl, Prir. Rostlin. 2（2）: 30. 1825.

落叶乔木；顶芽大，具鳞片，鳞片近圆形，密被绢毛；叶互生，聚集于枝梢，坚纸质；具羽状脉或离基三出脉，异型，不分裂或2~3浅裂，具柄；花单性，雌雄异株，或貌似两性但功能上为单性，具梗，组成少花、疏松、下垂、顶生的总状花序，此花序基部有迟落、互生的总苞片；苞片线形至丝状；花被筒短，花被裂片6，排成二轮，近相等，在基部以上脱落。雄花：能育雄蕊9，呈三轮排列，近相等，第一、二轮无腺体，第三轮基部有一对具柄的腺体；花药或全部为4室，室成对迭生，上2室较小，或第一轮花药有时为3室而上方室不育，但有时为2室而各室能育，第二、三轮花药全部均为2室，药室均内向或第三轮花药下2室侧向，退化雄蕊3或无，若存在时位于最内轮，与第三轮雄蕊互生，三角状钻形，具柄。雌花：退化雄蕊或为6排成二轮，或为12排成四轮，后种情况类似于雄花的能育雄蕊及退化雄蕊；子房卵珠形，花柱纤细，柱头盘状增大；果为核果，卵球形，深蓝色，位于肉质、淡红色浅杯状的果托上；果梗伸长，上端渐增粗，无毛。

3种，东亚北美间断分布，我国有2种（均为特有种），一种为檫木［*S. tzumu*（Hemsl.）Hemsl.］，产长江以南各省区市，一种为台湾檫木［*S. randaiense.*（Hayata）Rehd.］，产台湾。

112
檫木

Sassafras tzumu (Hemsley) Hemsley, Bull. Misc. Inform. Kew. 1907: 55. 1907.

自然分布

产浙江、江苏、安徽、江西、福建、广东、广西、湖南、湖北、四川、贵州及云南等地。常生于疏林或密林中，海拔150～1900m。

迁地栽培形态特征

落叶乔木，高可达30m。

茎 树皮幼时黄绿色，老时变灰褐色，呈水纹状纵裂；枝条粗壮，近圆柱形，多少具棱角，无毛，初时带红色，干后变黑色；顶芽大，椭圆形，长达1.3cm，芽鳞近圆形，外面密被黄色绢毛。

叶 叶互生，坚纸质，聚集于枝顶，卵形或倒卵形，长9～18cm，宽6～10cm，先端渐尖，基部楔形，全缘或2～3浅裂，裂片先端略钝，上面绿色，下面灰绿色，两面无毛或下面尤其是沿脉网疏被短硬毛，叶柄纤细，长1～7cm，常带红色，无毛或略被短硬毛。

花 雌雄异株。花序顶生，先叶开放，长4～5cm，多花，总梗长不及1cm，与序轴密被棕褐色柔毛，基部承有迟落互生的总苞片；苞片线形至丝状，长1～8mm。花黄色，长约4mm；花梗纤细，长4.5～6mm，密被棕褐色柔毛。雄花：花被筒极短，花被裂片6，披针形，长约3.5mm，先端稍钝，外面疏被柔毛，内面近于无毛；能育雄蕊9，成三轮排列，长约3mm，花丝扁平，被柔毛，第三轮雄蕊花丝近基部有一对具短柄的腺体，花药4室，上方2室较小，退化雄蕊3，长1.5mm，三角状钻形，具柄；退化雌蕊明显。雌花：退化雄蕊12，排成四轮，体态上类似雄花的能育雄蕊及退化雄蕊；子房卵圆形，长约1mm，无毛，柱头盘状。

果 果实近球形，直径达8mm，成熟时蓝黑色而带有白蜡粉，着生于浅杯状的果托上，果梗长1.5～2cm，上端渐增粗，无毛，与果托呈红色。

引种信息

昆明植物园 1979年引种于云南彝良县；2002年引种于云南镇雄县。生长速度中等，长势较好。

峨眉山生物站 1984年2月21日自四川峨眉山引种苗（引种号84-0285-01-EMS）。生长速度较快，长势良好。

杭州植物园 引种信息不详。生长速度较快，长势良好。

物候

昆明植物园 3月上旬叶芽开始膨大，3月中旬开始展叶，3月下旬展叶盛期；1月中旬现蕾，1月下旬始花，2月中旬盛花，2月下旬末花；果未见；10月中旬落叶。

峨眉山生物站 3月下旬萌芽，4月上旬开始展叶，4月中旬展叶盛期；1月下旬现蕾，2月上旬始花，2月中旬盛花；8月果实成熟。

杭州植物园 2月至3月中旬叶芽开始膨大，3月下旬萌芽并开始展叶，4月上旬展叶盛期、末期；

2月上旬现蕾，2月下旬始花，3月上旬盛花，3月下旬末花；果实未见。

迁地栽培要点

喜温暖湿润的气候，喜阳，喜偏酸性土壤，耐高温，也具一定的耐寒性。适合我国长江流域以南地区栽培。播种繁殖。病虫害少见。

主要用途

木材可用于造船、水车及上等家具；根和树皮入药，功能活血散瘀，祛风去湿，治扭挫伤和腰肌劳伤；果、叶和根尚含芳香油。

参考文献

References

陈成彬，孙成仁，1998. 中国樟科5属9种植物的核型研究[J]. 武汉植物学研究，16(3)：219-222.

陈俊秋，李朗，李捷，等，2009. 樟科润楠属植物its序列贝叶斯分析及其系统学意义[J]. 云南植物研究，31(2)：117-126.

陈俊秋，2008. 樟科润楠属植物系统学研究[D]. 北京：中国科学院研究生院.

陈云霞，南程慧，薛晓明，2014. 楠木种属及其近缘属叶绿体matk基因序列的鉴定[J]. 贵阳：贵州农业科学，42(2)：27-31.

初庆刚，胡正海，1999. 中国樟科植物叶中油细胞和粘液细胞的比较解剖研究[J]. 植物分类学报，37(6)：529-540.

初庆刚，刘文哲，1999. 13种樟科植物叶油细胞和粘液细胞的分布和结构的比较研究[J]. 应用与环境生物学报，5(2)：165-169.

慈秀芹，2007. 樟科濒危植物思茅木姜子(*Litsea szemaois*)的保护遗传学研究[D]. 北京：中国科学院研究生院.

崔鸿宾，1987a. 山胡椒属系统的研究[J]. 植物分类学报，25(3)：161-171.

崔鸿宾，1987b. 有关月桂族Tribus Laureae一些问题的评述[J]. 植物研究，7(4)：1-10.

崔鸿宾，1994. 中国樟科新分类群[J]. 云南植物研究，(1)：29-38.

刀克群，2009. 云南腾冲新近纪*Cinnamomum* cf.camphora角质层及其古环境意义[C]// 中国古生物学会，2009. 中国古生物学会第十次全国会员代表大会暨第25届学术年会——纪念中国古生物学会成立80周年论文摘要集.

刀克群，2011. 云南腾冲新近纪团田钓樟[C]// 中国古生物学会，中国古生物化石保护基金会，2011. 中国古生物学会第26届学术年会论文集.

丁素婷. 2009. 浙东新近系润楠属植物叶表皮微细构造特征及其意义[C]// 中国古生物学会，2009. 中国古生物学会第十次全国会员代表大会暨第25届学术年会——纪念中国古生物学会成立80周年论文摘要集.

端木，1994. 云南樟科木材分类的初步研究[J]. 云南林业科技，(4)：52-53.

方鼎，1999. 广西樟科植物两新种[J]. 植物分类学报，37(6)：595-597.

符国瑷，洪小江，2004. 海南岛润楠属一新种[J]. 植物研究，24(3)：259-260.

高大伟，2008. 樟科植物DNA Barcode及香樟系统地理学的初步研究[D]. 华东师范大学.

高振忠，孙瑾，吴鸿，等，2009. 樟科10属14种木材解剖学特征的比较研究[J]. 林业科学研究，22(3)：413-417.

郭莉娟，王志华，李捷，2010. 美洲鳄梨属植物的叶表皮微形态特征及其分类学意义[J]. 云南植物研究，32(3)：189-203.

侯学良，2006. 樟科柔毛润楠正确名称的考订[J]. 云南植物研究，(1)：15-16.

黄嘉聪，庄雪影，冯志坚，2012. 广东深圳樟科植物区系地理研究[J]. 华南农业大学学报，33(1)：58-63.

黄普华，1998. 中国豆科和樟科几种植物学名的订正[J]. 植物研究，18(1)：4-8.
柯艳妮，田良涛，陈永勤，等，2013. 银木和樟树遗传多样性与亲缘关系的rapd分析[J]. 湖北大学学报(自然科学版)，(3)：381-384.
李超，赵广东，王兵，等，2016. 中亚热带樟科3种植物幼苗叶结构型性状的种间差异及其相关性[J]. 植物科学学报，34(1)：27-37.
李捷，李锡文，1996. 中国樟科植物拾零[J]. 云南植物研究，18(1)：53-55.
李捷，李锡文，2004. 世界樟科植物系统学研究进展[J]. 云南植物研究，26(1)：1-11.
李捷，李锡文，2006. 中国樟科木姜子属植物纪要[J]. 云南植物研究，28(2)：103-107.
李捷，1992. 云南樟科植物区系地理[J]. 云南植物研究，14(4)：353-361.
李景照，2010. 海南岛长昌盆地始新世樟科植物及古环境意义[D]. 广州：中山大学.
李朗，李捷，李锡文，2011. 国产樟科楠属五种植物之分类修订[J]. 植物分类与资源学报，33(2)：157-160.
李朗，2007. 樟科新木姜子属系统学研究[D]. 北京：中国科学院研究生院.
李朗，2010. 樟科鳄梨属群植物系统发育研究[D]. 北京：中国科学院研究生院.
李树刚，韦发南，1988. 楠木名称考订[J]. 广西植物，(4)：3-6.
李锡文，李捷，1991. 檬果樟属的分类与分布兼论这一分布区类型的特征[J]. 云南植物研究，13(1)：1-13.
李锡文，税玉民，2004. 云南樟科油丹属一新种——黄连山油丹[J]. 植物分类学报，42(6)：551-554.
李锡文，白佩瑜，李树刚，等，1984. 樟科[M]// 李锡文，1984. 中国植物志第31卷. 北京：科学出版社.
李锡文，1979a. 油果樟属(*Syndiclis* Hook. F.)的分类与分布兼论这一分布类型的特征[J]. 云南植物研究，(2)：13-18.
李锡文，1979b. 中国樟科植物的地理分布[J]. 植物分类学报，17(3)：24-40.
李锡文，1985. 木姜子属及山胡椒属的平行演化[J]. 云南植物研究，7(2)：129-135.
李锡文，1988. 中国樟科植物一些修正[J]. 云南植物研究，10(4)：119-122.
李锡文，1995. 樟科木姜子属群的起源与演化[J]. 云南植物研究，17(3)：251-254.
李永康，王雪明，袁家谟，1983. 贵州樟科的两个新种[J]. 贵州科学，(1)：47-50.
李永康，1985. 贵州樟科两个新分类群[J]. 广西植物，(4)：24-26.
李志明，李捷，李锡文，2006. 樟科黄肉楠属是一个复系类群——基于nrDNA ITS和ETS序列分析(英文)[J]. 植物分类学报，44(3)：272-285.
李志明，2005. 基于形态学和分子系统学资料的樟科黄肉楠属系统学研究[D]. 北京：中国科学院研究生院.
林木木，阙天福，郑世群，2005. 福建润楠属一新种[J]. 植物研究，25(1)：5-6.
林祁，郭丽秀，1996. 湖南植物志资料(一)木兰科、八角科、五味子科、樟科、水马齿科补遗[J]. 热带亚热带植物学报，(1)：31-35.
林松，1990. 广东樟科主要属种的木材系统解剖[J]. 华南农业大学学报，(4)：79-85.
林夏珍，宣君华，秦玮琳，2009. 浙江润楠属植物花粉形态的比较研究[J]. 福建林业科技，36(2)：58-62.
林夏珍，2003. 浙江省润楠属植物系统学研究[D]. 北京：北京林业大学.
林夏珍，2007. 浙江润楠属植物的数量分类[J]. 林业科学，43(11)：151-156.
林有润，1996. 广东、海南两省樟科、野牡丹科及菊科的系统演化与区系地理的热带亲缘[J]. 植物研究，16(3)：250-272.
刘冰，2013. 中国樟科琼楠亚族的系统学和生物地理学研究[D]. 北京：中国科学院大学.
刘若庸，1981. 从河南樟科植物的分布探讨亚热带北界线在河南的位置[J]. 河南农业大学学报，(1)：67-71.
刘玉香，2013. 樟科主要属种核型研究及其亲缘关系的ISSR分析[D]. 南昌：江西农业大学.

刘裕生，1990. 广西百色盆地更新世樟科两种植物角质层研究[J]. Journal of Integrative Plant Biology，32(10)：805-808.
祁承经，刘克旺，1987. 湖南樟科一新种[J]. 广西植物，(3)：23-24.
桑涛，徐炳声，1996. 分支系统学当前的理论和方法概述及华东地区山胡椒属十二个种的分支系统学研究[J]. 植物分类学报，34(1)：12-18.
沈雪梅，2015. 17种樟科润楠属植物的数量分类与分子分类研究[D]. 上海：华东师范大学.
孙瑾，王晓静，王飞，等，2014. 滇西南地区樟科17种木材解剖特征研究[J]. 华南农业大学学报，(5)：102-107.
孙瑾，2003. 国产樟科木材解剖学研究[D]. 广州：华南农业大学.
汤庚国，向其柏，1995. 樟科植物花粉形态研究[J]. 植物分类学报，33(2)：161-171.
唐赛春，韦发南，2008. 广西润楠属一新种—狭基润楠(英文)[J]. 热带亚热带植物学报，(06):567-570.
汪小凡，1995. 樟科(Lauraceae)若干种植物雌蕊结构的研究及其系统学意义[J]. 武汉大学学报(理学版)，(2)：203-207.
王兰州，1986. 中国樟科12个名称的订正[J]. 西北植物学报，(1)：66-68.
王志华，2009. 樟科新樟属植物系统学研究[D]. 北京：中国科学院大学.
王中生，1999. 樟科植物花序形态、结构及其系统演化的研究[D]. 南京：南京林业大学.
王中生，2000. 樟科花序类型及雄蕊药室数目在系统研究中的意义探讨[C]// 中国植物学会，2000. 第六届全国系统与进化植物学青年学术研讨会论文摘要集.
王中生，方炎明，樊汝汶，2000. 樟科(Lauraceae)部分属种雌蕊群维管分布格局及其系统学意义[J]. 植物资源与环境学报，9(2)：40-44.
韦发南，唐赛春，2006a. 关于樟科润楠属和鳄梨属的分类界线问题[J]. 植物分类学报，44(4)：437-442.
韦发南，唐赛春，2006b. 中国及越南樟科润楠属植物一些种类的修订[J]. 广西植物，26(4)：345-348.
韦发南，王玉国，何顺清，2001. 中国樟科润楠属植物一些种类修订[J]. 广西植物，21(3)：191-194.
韦发南，1988. 中国及越南樟科植物新评注[J]. 广西植物，(4)：7-14.
韦发南，1995. 广西樟科植物新发现[J]. 广西植物，(3)：209-211.
韦裕宗，1984. 中国琼楠属二新种[J]. 广西植物(3)：17-20.
吴靖宇，孙柏年，解三平，等，2008. 云南腾冲新近系樟科润楠属两种化石及其古环境意义[J]. 高校地质学报，14(1)：90-98.
夏念和，邓云飞，叶国梁，2006. 国产樟科一新种——香港油果樟[J]. 热带亚热带植物学报，14(1)：75-77.
夏念和，韦发南，邓云飞，2006. 香港樟科一新种——腺叶琼楠[J]. 热带亚热带植物学报，14(1)：78-80.
徐文斌，夏伯顺，张守君，等，2017. 大果滇新樟，广西新樟属一新变种[J]. 广西植物，37(7)：855-858.
徐文斌，万佳，吴凤璨，等，2017. 基于AHP的武汉地区樟科植物园林应用价值评价[J]. 湖北林业科技，46(01)：30-33.
徐文斌，詹玉玲，吴凤璨，等，2016. 2015—2016年冬春武汉植物园61种樟科植物冻害调查[J]. 湖北林业科技，45（3）：36-39.
徐文斌，万佳，吴凤灿，2016. 武汉植物园樟科植物引种适应性评价[J]. 湖北林业科技，45(1)：20-22.
许涵，2005. 国产樟科鳄梨亚族5属植物rDNA ITS序列和RAPD分析[D]. 广州：华南农业大学.
薛晓明，侯森林，方彦，2010. 几种常见樟科植物花粉的扫描电镜观察[J]. 安徽农业科学，38(36)：20945，20962.
薛晓明，谢春平，孙小苗，等，2016. 樟和楠木的木材解剖结构特征和红外光谱比较研究[J]. 四川农业大学学报，34(2)：178-184.

杨淑贞，钱力，金孝锋，2008. 毛叶油乌药——采自浙江的中国樟科新记录[J]. 西北植物学报，28(2)：401-402.

杨永，达来，2008. 云南樟科一新记录属——土楠属[J]. 西北植物学报，28(6)：1271-1273.

杨永，达来，2009. 国产樟科一新名称[J]. 广西植物，29(3)：314-314.

杨永，刘冰，2015. 中国樟科物种编目：问题和展望[J]. 生物多样性，23(2)：232-236.

杨永，张丽艳，2005. 中国樟科四个名称的发表日期考订(英文)[J]. 植物分类学报，1(6)：565-566.

杨永，张丽艳，2010. 油果樟属和近缘属的网脉结构式样(英文)[J]. 热带亚热带植物学报，18(6)：643-649.

杨永，2008. 樟科豺皮樟基名考证[J]. 热带亚热带植物学报，16(3)：271-273.

查凤书，何丽香，杨飞，等，2008. 云南樟科植物多样性的空间分布格局[J]. 楚雄师范学院学报，23(9)：90-94.

张幼法，李修鹏，陈征海，等，2014. 中国樟科植物一新记录种——圆头叶桂[J]. 热带亚热带植物学报，(5)，453-455.

钟义，夏念和，2010. 国产润楠属植物的叶表皮特征及其系统学意义[J]. 热带亚热带植物学报，18(2)：109-121.

钟义，2009. 华南地区润楠属的分类学研究[D]. 北京：中国科学院研究生院.

周存宇，万小丽，张建，等，2015. 五种楠属植物叶片油细胞和黏液细胞的比较[J]. 湖北农业科学，54(18)：4506-4508.

朱长山，许永安，李贺敏，等，2002. 河南樟科(Lauraceae)增补与订正[J]. 信阳师范学院学报：自然科学版，15(3)：317-319.

庄琳，黄群，徐燕红，2014. 楠属和润楠属4种木材的红外光谱鉴别[J]. 福建林业科技，(4)：21-25.

庄雪影，张粤，孙同兴，2002. 香港润楠属植物叶表皮形态及分类学意义[J]. 华南农业大学学报，23(1)：52-54.

庄雪影，1997. 香港润楠属植物的分类研究[J]. 广西植物(4)：291-294.

Ajgh K, 1990. Additional transfers of Asiatic *Machilus sensu* Nees, non Desrousseaux, to *Persea* Miller (Lauraceae)[J]. Annals of the Missouri Botanical Garden, 77(3), 545-548.

Allen C K, 1938. Studies in the Lauraceae. I. Chinese and Indo-Chinese species of *Litsea*, *Neolitsea*, and *Actinodaphne*[J]. Annals of the Missouri Botanical Garden, 25(1): 361-434.

Bannister J M, Conran J G, Lee D E, 2012. Lauraceae from rainforest surrounding an early Miocene maar lake, Otago, southern New Zealand[J]. Review of Palaeobotany & Palynology, 178(2): 13-34.

Chanderbali A S, 2001. Phylogeny and historical biogeography of Lauraceae: Evidence from the Chloroplast and Nuclear Genomes[J]. Annals of the Missouri Botanical Garden, 88(1), 104-134.

Christophel D C, Kerrigan R, Rowett A I, 1996. The use of cuticular features in the taxonomy of the Lauraceae[J]. Annals of the Missouri Botanical Garden, 83(3): 419.

Drinnan A N, Crane P R, Friis E M, et al., 1990. Lauraceous flowers from the Potomac Group (mid-Cretaceous) of eastern North America[J]. Botanical Gazette, 151(3): 370-384.

Eklund H, 2001. Lauraceous flowers from the Late Cretaceous of North Carolina, U.S.A. [J]. Botanical Journal of the Linnean Society, 132(4): 397-428.

Fijridiyanto I A, Murakami N, 2009. Phylogeny of *Litsea* and related genera (Laureae-Lauraceae) based on analysis of rpb2 gene sequences[J]. Journal of Plant Research, 122(3): 283-298.

Han M Q, Huang Y S, Liu J, et al., 2013. *Litsea dorsalicana* (Lauraceae): A new species from limestone areas in northern Guangxi, China[J]. Indian Journal of Medical Research, 61(3): 466-470.

Heo K, Werff H V D, Tobe H, 2010. Embryology and relationships of Lauraceae (Laurales) [J]. Botanical Journal of the Linnean Society, 126(4): 295-322.

Ho K Y, Hung T Y, 2011. Cladistic relationships within the genus *Cinnamomum* (Lauraceae) in Taiwan based on analysis of leaf morphology and inter-simple sequence repeat (ISSR) and internal transcribed spacer (ITS) molecular markers[J]. African Journal of Biotechnology, 10(24): 4802-4815.

Hvander W, 1991. A key to the genera of Lauraceae in the New World[J]. Annals of the Missouri Botanical Garden, 78(2): 377-387.

Kostermans A J G H, 1981. Interesting new species of *Persea* Miller (Lauraceae) from the Kadoorie Botanic Gardens, New Territories, Hong Kong[J]. Journal of South African Botany.

Liu B, Yang Y, Ma K, 2013. A new species of *Caryodaphnopsis* airy shaw (Lauraceae) from southeastern Yunnan, China[J]. Phytotaxa,118(1): 1-8.

Liu B, Yang Y, Xie L, et al., 2013. Beilschmiedia turbinata: a newly recognized but dying species of Lauraceae from tropical Asia based on morphological and molecular data[J]. Plos One, 8(6): e67636. doi:10.1371/journal.pone.0067636.

Li H W, Li J, Huang P H, et al., 2008. Lauraceae[M]//Wu Z Y, Raven P H, 2008. Flora of China, Vol. 7. 47(1): 109-120.Calycanthaceae-Schisandraceae. Science Press and Missouri Botanical Garden Press, Beijing and St. Louis.

Li J, Christophel D C, 2000. Systematic relationships within the *Litsea* complex (Lauraceae): a cladistic analysis on the basis of morphological and leaf cuticle data[J]. Australian Systematic Botany, 13(1): 1-13.

Li J, Christophel D C, Conran J G, et al., 2004. Phylogenetic relationships within the 'core' Laureae (*Litsea* complex, Lauraceae) inferred from sequences of the chloroplast gene matk and Nuclear ribosomal DNA ITS regions[J]. Plant Systematics & Evolution, 246(1/2): 19-34.

Li J, Xia N H, Li X W, 2008. *Sinopora*, A New Genus of Lauraceae from South China[J]. Novon, 18(2): 199-201.

Li L, Madriñán S, Li J, 2016. Phylogeny and biogeography of *Caryodaphnopsis* (Lauraceae) inferred from low-copy nuclear gene and ITS sequences[J]. Taxon, 65(3): 433-443.

Li L, Li J, Conran J G, et al., 2007. Phylogeny of *Neolitsea*, (Lauraceae) inferred from Bayesian analysis of nrDNA ITS and ETS sequences[J]. Plant Systematics & Evolution, 269(3): 203-221.

Li L, Li J, Rohwer J G, et al., 2011. Molecular phylogenetic analysis of the *Persea* group (Lauraceae) and its biogeographic implications on the evolution of tropical and subtropical Amphi-Pacific disjunctions[J]. American Journal of Botany, 98(9): 1520-1536.

Merwe J J M V D, Wyk A E V, Kok P D F, 1990. Pollen types in the Lauraceae[J]. Grana Palynologica, 29(3), 185-196.

Moraes P L R D, Alves M C, 2002. Biometry of fruits and diaspores of *Cryptocarya aschersoniana* Mez and *Cryptocarya moschata* Nees (Lauraceae) [J]. Biota Neotropica, 2(2): 1-11.

Nie Z L, Wen J, Sun H, 2007. Phylogeny and biogeography of *Sassafras* (Lauraceae) disjunct between eastern Asia and eastern North America[J]. Plant Systematics & Evolution, 267(1/4): 191-203.

Nishida S, 1999. Revision of *Beilschmiedia* (Lauraceae) in the Neotropics[J]. Annals of the Missouri Botanical Garden, 86(3): 657-701.

Nishida S, Werff H V D, 2007. Are cuticular characters useful in solving generic relationships of problematic species of Lauraceae? [J]. Taxon, 56(4): 1229-1237.

Paton, A J, 2008. Towards target 1 of the global strategy for plant conservation—a working list of all known plant species—progress and prospects[J]. Taxon, 57: 602–611.

Reveal J L, Chase M. W. 2011. APG III: Bibliographical information and synonymy of Magnoliidae[J]. Phytot axa, 19(1): 71-134.

Rohwer J G, 1991. Two new genera of Neotropical Lauraceae and critical remarks on the generic delimitation[J]. Annals of the Missouri Botanical Garden, 78(2): 388-400.

Rohwer J G, 2000. Toward a phylogenetic classification of the Lauraceae: evidence from matK sequences[J]. Systematic Botany, 25(1): 60-71.

Rohwer J G, Li J, Rudolph B, et al., 2009. Is *Persea* (Lauraceae) monophyletic? evidence from nuclear ribosomal ITS sequences[J]. Taxon, 58(4): 1153-1167.

Rower J G, 1993. Lauraceae[M]//Kubitzki K，Rower J G，Brittrich V, 1993. The families and genera of vascular plants Ⅱ. Springer.

Shi G L, Xie Z. M., Li H. M. 2014. High diversity of Lauraceae from the Oligocene of Ningming, south China[J]. Palaeoworld, 23(3-4): 336-356.

Sun J, Wu J, Wang X, et al., 2015. Comparative wood anatomy of 56 species of Lauraceae from Yunnan, China[J]. Brazilian Journal of Botany, 38(3): 645-656.

Tang S C, Xu W B, Wei F N, 2010. *Machilus parapauhoi* sp. nov. and a new synonym of *Machilus* (Lauraceae) from east Asia[J]. Nordic Journal of Botany, 28(4): 503-505.

Werff H V D, 1988. Eight new species and one new combination of Neotropical Lauraceae[J]. Annals of the Missouri Botanical Garden, 75(2): 402.

Werff H V D, Richter H G, 1996. Toward an improved classification of Lauraceae[J]. Annals of the Missouri Botanical Garden, 83(3): 409-418.

Zeng G, Liu B, Werff H V D, et al., 2014. Origin and evolution of the unusual leaf epidermis of *Caryodaphnopsis* (Lauraceae) [J]. Perspectives in Plant Ecology Evolution & Systematics, 16(6): 296-309.

附录 1　各相关植物园栽培樟科植物种类统计表

序号	中文名	拉丁名	版纳园	昆明园	桂林园	峨眉山	杭州园	武汉园	辰山园	南京园	西安园	北京所
1	红果黄肉楠	*Actinodaphne cupularis*					√	√				
2	思茅黄肉楠	*Actinodaphne henryi*	√									
3	柳叶黄肉楠	*Actinodaphne lecomtei*				√		√				
4	倒卵叶黄肉楠	*Actinodaphne obovata*	√									
5	峨眉黄肉楠	*Actinodaphne omeiensis*				√		√				
6	毛黄肉楠	*Actinodaphne pilosa*	√									
7	毛果黄肉楠	*Actinodaphne trichocarpa*				√		√				
8	毛叶油丹	*Alseodaphne andersonii*	√									
9	长柄油丹	*Alseodaphne petiolaris*	√									
10	西畴油丹	*Alseodaphne sichourensis*	√									
11	云南油丹	*Alseodaphne sichourensis*	√									
12	美脉琼楠	*Beilschmiedia delicata*						√				
13	广东琼楠	*Beilschmiedia fordii*						√				
14	贵州琼楠	*Beilschmiedia kweichowensis*				√						
15	少花琼楠	*Beilschmiedia pauciflora*	√									
16	小花檬果樟	*Caryodaphnopsis henryi*	√									
17	檬果樟	*Caryodaphnopsis tonkinensis*	√									
18	无根藤	*Cassytha filiformis*	√									
19	毛桂	*Cinnamomum appelianum*						√				
20	阴香	*Cinnamomum burmannii*	√	√		√		√	√			
21	樟	*Cinnamomum camphora*		√	√		√	√		√		
22	肉桂	*Cinnamomum cassia*	√			√						
23	狭叶桂	*Cinnamomum heyneanum*						√				
24	天竺桂	*Cinnamomum japonicum*				√	√	√	√	√		
25	兰屿肉桂	*Cinnamomum kotoense*	√					√				√
26	油樟	*Cinnamomum longepaniculatum*						√				
27	少花桂	*Cinnamomum pauciflorum*	√			√						
28	银木	*Cinnamomum septentrionale*					√	√				
29	锡兰肉桂	*Cinnamomum verum*	√									
30	川桂	*Cinnamomum wilsonii*				√	√	√				
31	短序厚壳桂	*Cryptocarya brachythyrsa*	√									
32	硬壳桂	*Cryptocarya chingii*	√									
33	广东厚壳桂	*Cryptocarya kwangtungensis*	√									
34	云南厚壳桂	*Cryptocarya yunnanensis*	√									
35	长果土楠	*Endiandra dolichocarpa*	√									
36	月桂	*Laurus nobilis*		√			√	√		√		√
37	乌药	*Lindera aggregata*	√				√	√	√	√		
38	狭叶山胡椒	*Lindera angustifolia*					√			√		
39	北美山胡椒	*Lindera benzoin*										√
40	江浙山胡椒	*Lindera chienii*					√			√		
41	香叶树	*Lindera communis*	√	√	√			√	√	√		

（续）

序号	中文名	拉丁名	版纳园	昆明园	桂林园	峨眉山	杭州园	武汉园	辰山园	南京园	西安园	北京所
42	红果山胡椒	*Lindera erythrocarpa*					√	√	√	√		
43	香叶子	*Lindera fragrans*				√		√				
44	山胡椒	*Lindera glauca*					√	√	√	√		√
45	黑壳楠	*Lindera megaphylla*		√		√	√	√	√	√	√	
46	大果山胡椒	*Lindera praecox*					√	√				
47	川钓樟	*Lindera pulcherrima* var. *hemsleyana*		√				√			√	
48	山橿	*Lindera reflexa*						√	√	√		
49	红脉钓樟	*Lindera rubronervia*					√		√	√		
50	四川山胡椒	*Lindera setchuenensis*				√		√		√		
51	天目木姜子	*Litsea auriculata*					√	√	√			
52	毛豹皮樟	*Litsea coreana* var. *lanuginosa*						√				
53	豹皮樟	*Litsea coreana* var. *sinensis*					√	√		√		
54	山鸡椒	*Litsea cubeba*						√				
55	五桠果叶木姜子	*Litsea dilleniifolia*	√									
56	黄丹木姜子	*Litsea elongata*		√			√	√				
57	潺槁木姜子	*Litsea glutinosa*	√		√			√				
58	红河木姜子	*Litsea honghoensis*		√								
59	大果木姜子	*Litsea lancilimba*						√				
60	毛叶木姜子	*Litsea mollis*	√									
61	假柿木姜子	*Litsea monopetala*	√		√			√				
62	香花木姜子	*Litsea panamanja*	√									
63	思茅木姜子	*Litsea szemaois*	√									
64	杨叶木姜子	*Litsea populifolia*		√				√				
65	木姜子	*Litsea pungens*						√				
66	滇木姜子	*Litsea rubescens* var. *yunnanensis*		√								
67	轮叶木姜子	*Litsea verticillata*						√				
68	锈毛润楠	*Machilus balansae*	√									
69	浙江润楠	*Machilus chekiangensis*						√				
70	黄毛润楠	*Machilus chrysotricha*	√									
71	长梗润楠	*Machilus duthiei*		√				√				
72	黄绒润楠	*Machilus grijsii*			√		√	√				
73	宜昌润楠	*Machilus ichangensis*				√		√		√		
74	薄叶润楠	*Machilus leptophylla*					√	√	√	√		
75	利川润楠	*Machilus lichuanensis*				√	√	√				
76	暗叶润楠	*Machilus melanophylla*	√									
77	小花润楠	*Machilus minutiflora*	√									
78	润楠	*Machilus nanmu*				√						
79	建润楠	*Machilus oreophila*					√	√				
80	赛短花润楠	*Machilus parabreviflora*	√									
81	刨花润楠	*Machilus pauhoi*					√	√	√			
82	粗壮润楠	*Machilus robusta*	√									
83	柳叶润楠	*Machilus salicina*			√							
84	瑞丽润楠	*Machilus shweliensis*	√									

（续）

序号	中文名	拉丁名	版纳园	昆明园	桂林园	峨眉山	杭州园	武汉园	辰山园	南京园	西安园	北京所
85	红楠	*Machilus thunbergii*					√	√	√	√		
86	绒毛润楠	*Machilus velutina*						√				
87	滇润楠	*Machilus yunnanensis*	√	√								
88	滇新樟	*Neocinnamomum caudatum*	√	√								
89	新樟	*Neocinnamomum delavayi*						√				
90	沧江新樟	*Neocinnamomum mekongense*	√									
91	浙江新木姜子	*Neolitsea aurata* var. *chekiangensis*					√					
92	云和新木姜子	*Neolitsea aurata* var. *paraciculata*						√				
93	短梗新木姜子	*Neolitsea brevipes*						√				
94	锈叶新木姜子	*Neolitsea cambodiana*						√				
95	鸭公树	*Neolitsea chui*					√	√				
96	簇叶新木姜子	*Neolitsea confertifolia*						√			√	
97	大叶新木姜子	*Neolitsea levinei*			√	√		√				
98	舟山新木姜子	*Neolitsea sericea*		√			√	√	√	√		
99	巫山新木姜子	*Neolitsea wushanica*						√				
100	赛楠	*Nothaphoebe cavaleriei*	√	√								
101	鳄梨	*Persea americana*	√		√							√
102	闽楠	*Phoebe bournei*			√		√	√	√	√		
103	浙江楠	*Phoebe chekiangensis*		√			√	√	√	√		
104	竹叶楠	*Phoebe faberi*					√	√				
105	湘楠	*Phoebe hunanensis*						√	√	√		
106	披针叶楠	*Phoebe lanceolata*	√									
107	大果楠	*Phoebe macrocarpa*	√									
108	普文楠	*Phoebe puwenensis*	√									
109	红梗楠	*Phoebe rufescens*	√									
110	紫楠	*Phoebe sheareri*					√	√	√	√		
111	楠木	*Phoebe zhennan*				√		√			√	
112	檫木	*Sassafras tzumu*		√		√	√					

注：表中“版纳园”“昆明园”“桂林园”“峨眉山”“杭州园”“武汉园”“辰山园”“南京园”“西安园”“北京所”分别为中国科学院西双版纳热带植物园、中国科学院昆明植物研究所昆明植物园、广西壮族自治区中国科学院广西植物研究所桂林植物园、四川省自然资源科学研究院峨眉山生物站、杭州植物园、中国科学院武汉植物园、上海辰山植物园、江苏省中国科学院植物研究所南京中山植物园、西安植物园、中国科学院植物研究所北京植物园的简称。

附录 2　各相关植物园的地理位置和自然环境

中国科学院西双版纳热带植物园

中国科学院西双版纳热带植物园位于云南省西双版纳傣族自治州勐腊县勐仑镇，占地面积1125hm²。地处印度马来热带雨林区北缘（20°4′N，101°25′E，海拔550～610m）。终年受西南季风控制，热带季风气候。干湿季节明显，年平均气温21.8℃，最热月（6月）平均气温25.7℃，最冷月（1月）平均气温16.0℃，终年无霜。根据降水量可分为旱季和雨季，旱季又可分为雾凉季（11月至翌年2月）和干热季（3～4月）。干热季气候干燥，降水量少，日温差较大；雾凉季降水量虽少，但从夜间到次日中午，都会存在大量的浓雾，对旱季植物的水分需求有一定补偿作用。雨季时，气候湿热，水分充足，年降水量1256mm，占全年的84%。年均相对湿度为85%，全年日照数为1859小时。西双版纳热带植物园属丘陵至低中山地貌，分布有砂岩、石灰岩等成土母岩，分布的土壤类型有砖红壤、赤红壤、石灰岩土及冲积土。

中国科学院昆明植物研究所昆明植物园

昆明植物园位于云南省昆明市北郊，地处北纬25°01′，东经102°41′，海拔1990m，地带性植被为西部（半湿润）常绿阔叶林，属亚热带高原季风气候。年平均气温14.7℃，极端最高气温33℃，极端最低气温-5.4℃，最冷月（1月、12月）月均温7.3～8.3℃，年平均日照2470.3小时，年均降水量1006.5mm，12月至翌年4月（干季）降水量为全年的10%左右，年均蒸发量1870.6mm（最大蒸发量出现在3～4月），年平均相对湿度73%。土壤为第三纪古红层和玄武岩发育的山地红壤，有机质及氮磷钾的含量低，pH4.9～6.6。

广西壮族自治区中国科学院广西植物研究所桂林植物园

桂林植物园位于广西桂林雁山，地处北纬25°11′，东经110°12′，海拔约150m，地带性植被为南亚热带季风常绿阔叶林，属中亚热带季风气候。年平均气温19.2℃，最冷月（1月）平均气温8.4℃，最热月（7月）平均气温28.4℃，极端最高气温40℃，极端最低气温-6℃，≥10℃的年积温5955.3℃。冬季有霜冻，有霜期平均6～8天，偶降雪。年均降水量1865.7mm，主要集中在4～8月，占全年降水量73%，冬季雨量较少，干湿交替明显，年平均相对湿度78%，土壤为砂页岩发育而成的酸性红壤，pH5.0～6.0。0～35cm的土壤营养成分含量：有机碳0.6631%，有机质1.1431%，全氮0.1175%，全磷0.1131%，全钾3.0661%。

四川省自然资源科学研究院峨眉山生物站

峨眉山生物站位于四川盆地西南边缘的峨眉山中低山区的万年寺停车场东侧，地处北纬29°35′，东经103°22′，海拔800m的山坡地，平均坡度为20°左右，地带性植被为中亚热带常绿阔叶林，属中亚热带季风型湿润气候，夏季温暖潮湿，秋冬寒冷多雾，年平均温度16℃，极端最高温度34.2℃，极端最低温度-2℃，1月平均气温4.4℃，7月平均气温23.6℃，冬季几乎无霜冻。年降水量1750mm，雨量集中于8～9月；年蒸发量1583mm，年平均相对湿度大于80%，土壤为山地黄壤，pH5.5～6.5。

杭州植物园

杭州植物园地处杭州西湖风景名胜区桃源岭，北纬30°15′，东经120°07′，占地248.46hm²。属于亚热带季风气候，四季分明，雨量充沛，夏季气候炎热，湿润，冬季寒冷，干燥。全年平均气温17.8℃，平均相对湿度70.3%，年降水量1454mm，年日照时数1765小时。极端最高气温40℃，极端最低温度-10℃。1月平均气温1~8℃，7月平均气温25~33℃。

中国科学院武汉植物园

武汉植物园位于武汉市东部东湖湖畔，地处北纬30°32′、东经114°24′、海拔22m的平原，地带性植被为中亚热带常绿阔叶林，属北亚热带季风性湿润气候，雨量充沛，日照充足，夏季酷热，冬季寒冷，年均气温15.8～17.5℃，极端最高气温44.5℃，极端最低气温-18.1℃，1月平均气温3.1～3.9℃，7月平均气温28.7℃，冬季有霜冻。活动积温5000～5300℃，年降水量1050～1200mm，年蒸发量1500mm，雨量集中于4～6月，夏季酷热少雨，年平均相对湿度75%。枯枝落叶层较厚，土壤为湖滨沉积物上发育的中性黏土，含氮量0.053%，速效磷0.58mg/100g土，速效钾6.1～10mg/100g土，pH4.3～5.0。

上海辰山植物园

上海辰山植物园位于上海市松江区佘山山系中的辰山，全园占地面积约207hm^2。园区所在地属亚热带季风气候，呈现季风性、海洋性气候特征。冬夏寒暑交替，四季分明，春秋较冬夏长。主要气候特征是：春天暖和、夏季炎热、秋天凉爽、冬季阴冷；全年雨量适中，年60%左右和雨量集中在5～9月的汛期，年平均降水量1119.1mm，年蒸发量882.4mm；年平均日照1400h。全年平均气温15.8℃，1月最冷平均为3.6℃，7月最热平均为27.8℃，极端最高气温40.2℃，极端最低气温-12.1℃。

江苏省中国科学院植物研究所南京中山植物园

南京中山植物园占地186hm^2，坐落于南京钟山风景区内。属北亚热带湿润气候，四季分明，雨水充沛。常年平均降雨117天，平均降水量1106.5mm，相对湿度76%，无霜期237天。每年6月下旬到7月上旬为梅雨季节。年平均温度15.4°C，年极端气温最高39.7°C，最低-13.1°C，年平均降水量1106mm。

西安植物园

西安植物园（新园区）位于陕西省西安市曲江新区，全园占地640亩（42.67hm^2）。属暖温带半湿润大陆性季风气候，冷暖干湿四季分明。冬季寒冷、风小、多雾、少雨雪；春季温暖、干燥、多风、气候多变；夏季炎热多雨，伏旱突出，多雷雨大风；秋季凉爽，气温速降，秋淋明显。年平均气温13.0～13.7℃，最冷1月份平均气温-1.2～0.0℃，最热7月份平均气温26.3～26.6℃，年极端最低气温-21.2℃，年极端最高气温43.4℃。年降水量522.4~719.5mm。7月、9月为两个明显降水高峰月。年日照时数1646.1~2114.9小时。土壤以黄棕壤、棕壤为主。

中国科学院植物研究所北京植物园

中国科学院植物研究所北京植物园位于北京市著名风景名胜区香山脚下，现有土地面积74hm^2。属温带半湿润半干旱季风气候，夏季高温多雨，冬季寒冷干燥，春、秋短促。年平均气温12℃，历史最高气温42℃，历史最低气温-27℃，1月平均气温-9～2℃，7月平均气温22～31℃，年降水量500～700mm，降水主要集中在夏季，7～8月尤为集中。降水量的年际变化很大，丰水年和枯水年雨量相差悬殊。降水最多年（1959年1406.0mm）与最少年（1869年242.0mm）的差值达1164.0mm。全年无霜期180～200天。

中文名索引

拉丁名索引